物理演示实验

黄晓虹　主编

内容简介

本书是在"大学物理演示实验"课程讲义的基础上整理而成,罗列了近70项的物理演示实验,涵盖了力学、热学、电磁学、光学及自制教具等内容。每个演示实验内容包括了仪器介绍、操作和现象、原理解析等,大部分实验还设置了知识拓展或应用举例,便于读者了解进一步探索实验所涉及的相关知识。此外,还对演示实验中涉及的物理学家作了简单的介绍,便于读者了解一些相关的背景知识。书中"自制教具"这部分内容适合于中学教师用于课堂演示实验,提高学生学习物理的兴趣,从而消除对物理的畏惧之心。

本书可以作为"大学物理演示实验"课程的教材,对从事基础物理教学的教师以及对物理现象感兴趣的读者都有非常好的参考价值。

图书在版编目(CIP)数据

物理演示实验/黄晓虹主编. —杭州:浙江大学出版社,2012.10
ISBN 978-7-308-10656-6

Ⅰ.①物… Ⅱ.①黄… Ⅲ.①物理学—实验
Ⅳ.①04-33

中国版本图书馆CIP数据核字(2012)第226718号

物理演示实验
黄晓虹 主编

责任编辑 徐素君
封面设计 林智广告
出版发行 浙江大学出版社
(杭州市天目山路148号 邮政编码310007)
(网址:http://www.zjupress.com)
排　　版 杭州中大图文设计有限公司
印　　刷 浙江云广印业有限公司
开　　本 710mm×1000mm 1/16
印　　张 11
字　　数 200千
版 印 次 2012年10月第1版 2012年10月第1次印刷
书　　号 ISBN 978-7-308-10656-6
定　　价 25.00元

前　言

我校大学物理演示实验展示厅始建于2003年夏，开创了浙南地区由高校创办、面向社会的物理科学普及活动的先河。经过近几年的建设，物理演示实验展示厅由最初的30套演示实验项目增至目前的近100套，资产达到80多万元。由于物理演示实验能把原理深奥、构思巧妙、技术先进、效果突出的实验呈现到学生面前，使学生开阔眼界、启迪思维、培养兴趣、开发智力，对提高学生学习物理的兴趣和理解物理现象起着极其重要的作用。因此，自创办以来，物理演示实验展示厅面向学校和社会团体开放百余次，参观人次超过万人，其中包括在校大学生，温州地区各级中学的师生，以及很多社会单位。由此可知，物理演示实验展示厅在充分发挥物理实验教学示范中心的辐射示范作用中起到了举足轻重的作用。但是，由于物理演示展示厅缺乏与之配套的教材，给展示厅的教育功能的拓展，持续提升学生和公众的科学素养，带来了一定的阻力。

目前，我校已经开设了大学物理演示实验课程，它对学生观察物理现象、增加感性知识、提高学习兴趣方面，对培养学生分析问题、解决问题的能力方面，无疑是重要的。尤其是大学物理演示实验让学生自己动手观察实验、思考问题，使学生对大学物理课程中的基本概念、基本理论、基本方法能够比较准确地理解，这对培养学生综合应用能力和开拓创新精神等方面显示出其独特的魅力。但是由于缺乏相配套的教材，给教师更好地开展教学工作，提高教学效果带来了一定的困难。

所以，在这种情况下，当务之急是出版一本与展示厅演示器材相配套的教材。在众人的帮助下，这本教材终于编写成功。这本教材编写的指导思想依然是以学生为本，帮助学生加深理解课堂教学内容，促进学生思考，培养学生根据物理原理解决实际问题的能力，引导学生对现有的演示实验器材的原理进行探究分析，形成研究论文，以开拓学生的眼界，提升他们的科学素养等，因此本书不仅对每一个实验内容的原理作了简要的分析，而且还引入科学史的内容，并在每一项实验后面加入一定的知识拓展、应用举例等内容。

关于物理演示实验方面的教学改革还是刚刚起步，希望本教材的出版能有一个良好的开端。由于刚刚处于摸索起步阶段，编入书中的演示实验

只有近70项，而且难免会有许多不足之处。书中的缺点和错误，敬请读者批评指正。

参加这次编写的老师有黄晓虹（第一章力学演示实验部分）、黄运米（第二章热学演示实验部分）、蔡建秋（第三章电磁学演示实验部分，其中实验三十一由罗海军编写）、王振国（第四章光学演示实验部分，其中实验四十八、实验六十由金清理编写），罗海军（第五章自制教具部分），最后由黄晓虹统稿。编著本书的过程中，特别要感谢王振国老师，他不仅画了部分插图，而且还为演示仪器拍了照片，为编者提供了尽可能的帮助。感谢所有提出宝贵意见的老师们。

主　编

2012年9月

目　录

第一章
力学演示实验

第一节　基础类

实验一　弹性碰撞(Elastic Collision)

仪器介绍

如图 1-1 所示，弹性碰撞演示仪由底座、钢球、支架、拉线、拉线调节螺丝等组成。每个钢球的大小和质量均相同。

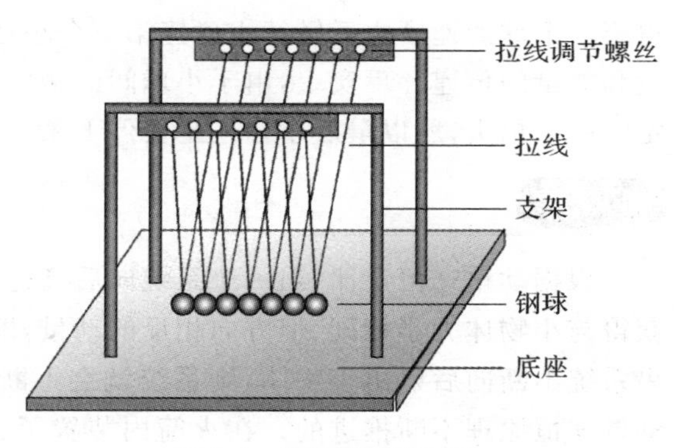

图 1-1　弹性碰撞演示仪

操作与现象

若干个具有相同质量和半径的小球悬挂在同一高度上。当静止时，调节每个小球的悬线长度，确保所有小球在一条直线上。

将第一个小球拉起，然后释放，让其碰撞其他静止的小球，结果原先被拉起的小球会突然静止，而原先静止的最后一个小球会接过第一个球的速度，运动到第一个小球被拉起的高度，然后落下，如此来回往复。

同理，可以拉起 2 个、3 个……小球进行类似的实验。

注意：在实验过程中使小球的质心始终处于同一平面，否则会发生非对心碰撞从而影响演示实验的效果；小球拉起的幅度不宜太大(建议摆角小于 30°)，以免发生激烈碰撞而使拉线断裂。

原理解析

设两个小球的质量分别为 m_1 和 m_2，它们在碰撞前的速度为 $\boldsymbol{v}_{10}$ 和 $\boldsymbol{v}_{20}$，对心碰撞后的速度为 $\boldsymbol{v}_1$ 和 $\boldsymbol{v}_2$，根据动量守恒定律有：

$$m_1\boldsymbol{v}_{10}+m_2\boldsymbol{v}_{20}=m_1\boldsymbol{v}_1+m_2\boldsymbol{v}_2 \tag{1-1}$$

当两球发生完全弹性碰撞，则机械能守恒定律有：

$$\frac{1}{2}m_1v_{10}^2+\frac{1}{2}m_2v_{20}^2=\frac{1}{2}m_1v_1^2+\frac{1}{2}m_2v_2^2 \tag{1-2}$$

若其中一个球 m_2 静止，即 $v_{20}=0$ 时，可得碰撞后的速度为

$$\begin{cases} v_1=\dfrac{(m_1-m_2)v_{10}}{m_1+m_2} \\ v_2=\dfrac{2m_1v_{10}}{m_1+m_2} \end{cases} \tag{1-3}$$

如果两个小球的质量相等，即 $m_1=m_2$，则由式(1-3)可得

$$v_2=v_{10} \qquad v_1=v_{20}=0$$

由此可知，质量相等的两个小球相碰后，第一个小球静止，第二个球获得第一个球的速度之后继续去碰撞第三个小球，以此类推，实现小球间的动量和能量的传递。事实上，由于小球间的碰撞并非理想的弹性碰撞，会有一定的能量损失，所以最后小球还是会停下来。

知识拓展

根据动量守恒定律，当一个系统向后高速射出一个小物体时，该系统会获得与小物体大小相同、但方向相反的动量，即系统会获得向前的速度。如果系统不断向后射出小物体，则系统就会不断向前加速。火箭就是利用了动量守恒原理不断推进的。在火箭内装置了大量的燃料，燃料燃烧后会产生高温高压的气体，通过火箭的尾部不断向后高速喷出，从而使火箭不断向前加速。通常，单级火箭不可能把物体送入太空轨道，必须采用多级火箭，以接力的方式将航天器送入太空轨道。

火箭是中国最先发明的，已是世界公认。自三国时起，史书上就有关于“火箭”的记载。此时的火箭只能是一种在箭头上附着像油脂、松香、硫黄之类易燃物质，点燃后用弓或弩射出去，用来延烧敌方人员、军械和营房，充其量只是“带火的箭”。真正由火药喷射推进的火箭可能是南宋时期发明，在周密《武林旧事》有记载，称之起火，即依靠所附带的火药燃料着火后，产生大量的带火星的气体向后喷射，从而产生一种反冲力推动其向前飞行的一

种烟火玩物，定向性能不好。到了明代，火箭就能较好地解决定向问题，而且有了较大的运载能力，因而在军事上得到了广泛的应用。值得注意的是：《武备志》[①]中记载着“火龙出水”（如图 1-2 所示）的火箭。这是一种用于水战中的二级火箭。先用四支大火箭筒燃烧喷射，由此产生的反作用力把龙形筒射出去，当这四支火箭里的火药燃料烧完之后，再引燃龙腹中的神机火箭，把它们射向敌方，能射中二、三里远的敌方船只。

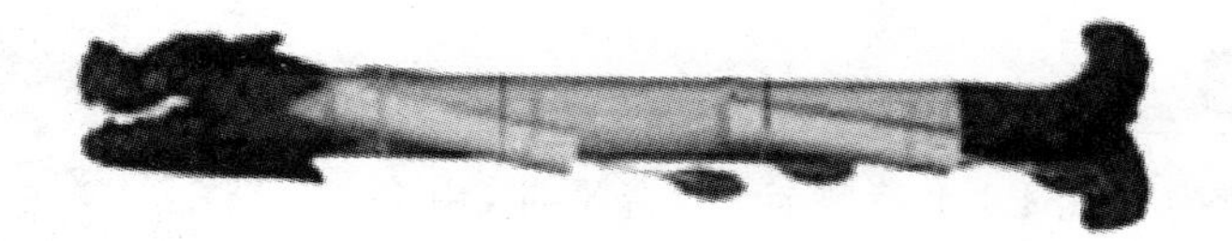

图 1-2　火龙出水

① 中国明代大型军事类书，是中国古代字数最多的一部综合性兵书。明茅元仪（浙江吴兴人）编辑，240 卷，文 200 余万字，图 738 幅。清乾隆年间被列为禁书。

实验二　茹科夫斯基凳(Zhukovski Chair)

仪器介绍

如图 2-1 所示，转盘上安置了一张可绕竖直轴自由转动的茹科夫斯基①凳。

图 2-1　茹科夫斯基凳

操作与现象

操作者坐在凳上，手持哑铃，两臂平伸，由旁人助其旋转或自己设法转动起来，然后慢慢收起双臂，可以看到转速不断增大。若把两手再平伸，则转速就由大变小。

原理解析

系统绕某一定轴转动时，若所受的合外力矩为零，则系统的角动量守恒，即 $\boldsymbol{J}=I\boldsymbol{\omega}=$恒量，式中 I 为系统的转动惯量。茹可夫斯基凳实验中，因为人的双臂并不产生对转轴的外力矩，忽略转轴的摩擦，系统的角动量应保持守恒。根据转动惯量的平行轴定律，手臂伸开时系统的转动惯量 I_2 明显大于双臂收起时的转动惯量 I_1，由角动量守恒定律可知，当 $I_2>I_1$ 时，则 $\omega_2<\omega_1$，所以收起双臂时系统转速会增大。反之，系统转速则会减小。

应用实例

冰上舞蹈演员在做旋转动作时，当他们逐渐收拢双臂时，旋转速度就越来越大，似乎能旋转起一阵风来，真是惊艳四座。

---

①　茹科夫斯基(Zhukovski，Nikolai Egorievich 1847—1921)：俄国著名空气动力学家、现代航空科学的开拓者，为苏联发展航空科技奠定了基础，被称为“俄罗斯航空之父”。第一次世界大战前，茹科夫斯基曾到军官飞行员训练班任教。茹科夫斯基凳可用于训练飞行员对抗高速的旋转。

跳水运动员在空中做翻滚动作的时候，总会收拢下肢，双手抱膝，把身体尽量地卷曲起来，目的是为了减小运动员绕自身质心的水平轴的转动惯量，根据角动量守恒定律，就可以加大转速，快速的旋转总是会引来掌声一片；运动员到了接近水面时，便会舒展四肢，把转动惯量变得最大，角动量变得最小，这样就能比较方便控制自己的身体姿势，以最佳的姿势入水，获得好成绩。

实验三　车轮式进动演示仪
(Wheel-typed Precession Demonstrator)

仪器介绍

如图 3-1 所示，由转轮（自行车轮子）、平衡重物、横杆、支架、支点等组成。

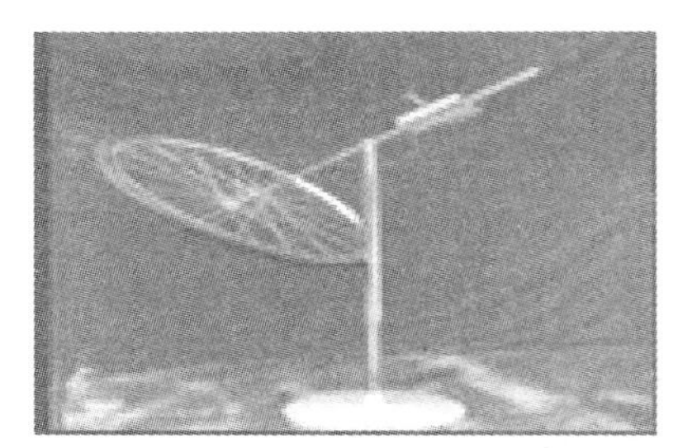

图 3-1　车轮式进动演示仪

操作与现象

1. 观察刚体的定向转动

调平衡重物，使系统的重心通过支点，即调成水平平衡状态。左手握横杆使其保持水平状态，右手快速地转动转轮，松开双手后，不管如何旋转支架，都可观察到转轮的转轴方向始终保持不变。

2. 观察进动和章动

调节平衡重物的位置，使系统重心不通过支点，即整个系统对支点轴有重力矩作用，如此一来，仪器就会朝一侧略微倾斜。左手握横杆使其保持水平状态，右手快速地转动转轮，松开双手后，可观察到转轮自转的同时，其自转轴（横杆）还会绕竖直轴转动，称为进动。横杆在进动过程中，还会出现微小的上下周期性摆动，可用手指轻压一下转轮感受一下，即所谓产生了章动。

原理解析

1. 刚体的定向转动

此时系统处于水平平衡状态（重心通过支点），根据角动量守恒定律：对于某一定点（支点），系统所受的合外力矩为零，则系统对于该定点的角动量矢量保持不变。所以，在转轮转动过程中，其转轴的方向始终保持不变。

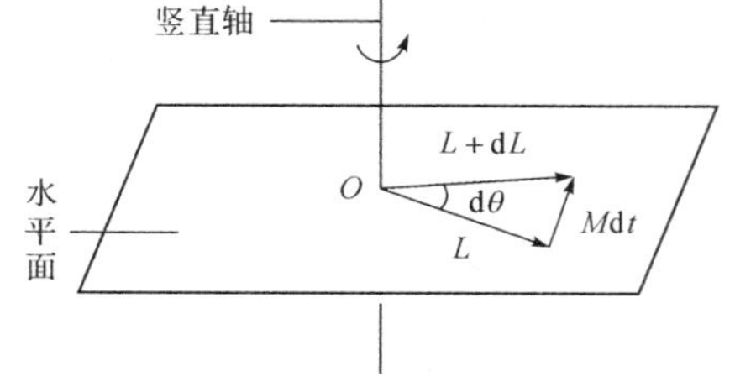

图 3-2　进动效应的解释

由此可知，绕对称轴高速转动的陀螺仪的稳定性，正是因为角动量守恒的原因。即便受到实际当中不可避免的外力矩（摩擦）的作用，如果外力矩较小，由此带来的角动量的改变相对于陀

螺仪本身很大的角动量来说是很小的，可忽略不计，角动量依旧保持不变。因此，无论我们怎么去扰动它，都不会使陀螺仪的转轴方向发生改变。

2.进动和章动

当系统重心不通过支点时，整个系统对支点轴受重力矩作用，角动量不守恒。

假设转轮的角动量$\boldsymbol{L}$如图 3-2 所示，由角动量定律可知，在 $\mathrm{d}t$ 时间内转轮对支点 O 的自转角动量$\boldsymbol{L}$的增量为 $\mathrm{d}\boldsymbol{L}=\boldsymbol{M}\mathrm{d}t$，其中$\boldsymbol{M}$是转轮所受的对支点 O 的重力矩，方向水平向内，如图 3-2 所示。显然，下一刻的角动量为：

$$\boldsymbol{L}+\mathrm{d}\boldsymbol{L}=\boldsymbol{L}+\boldsymbol{M}\mathrm{d}t$$

由于$\boldsymbol{M}$、$\boldsymbol{L}$和$\boldsymbol{L}+\mathrm{d}\boldsymbol{L}$ 的方向均在水平面内，所以转轮的自转轴的方向不会向下倾斜，而只是在水平内偏转，就会形成自转轴的转动，即进动。由于外力矩$\boldsymbol{M}$方向始终与角动量方向垂直，因此外力矩只改变角动量的方向，而不会改变角动量的大小，即转轮的轴向会发生改变而转速并不会变化。

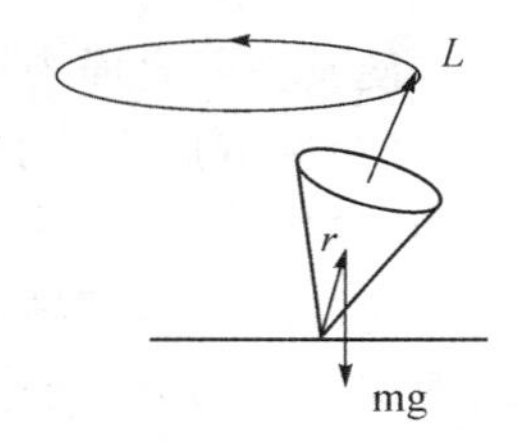

图 3-3　陀螺仪的进动性

陀螺仪的进动性也正是由于其在自转的同时因重力会向一边倾斜而受到一个垂直于纸面向里的重力矩（$\boldsymbol{r}\times m\boldsymbol{g}$）的作用，如图 3-3 所示，从而发生进动。

章动的效果是为了使进动仪的重心保持在低于起始点的水平上，由此释放出来的势能提供了进动和章动所需的动能。

知识拓展

陀螺仪是一种既古老又很有生命力的仪器，从第一台真正实用的陀螺仪问世以来已有大半个世纪，但直到现在，仍旧吸引着人们对其进行研究。陀螺仪最主要的基本特性是它的稳定性和进动性。

陀螺仪最早是用于航海导航，但随着科学技术的发展，它在航空和航天事业中也得到广泛的应用。现代陀螺仪是一种能够精确地确定运动物体方位的惯性导航仪器，因而不仅可以作为指示仪表，而且更重要的是它可以作为自动控制系统中的一个敏感元件，即作为信号传感器。根据需要，陀螺仪能提供准确的方位、水平、位置、速度和加速度等信号，以供驾驶员来控制飞机、舰船或航天飞机等按一定的航线飞行，而在导弹、卫星运载器或空间探测火箭等航行器的制导中，则直接利用这些信号完成航行器的姿态控制和轨道控制。作为稳定器，陀螺仪能使列车在单轨上行驶，能减小船舶在风浪中的摇摆，能使安装在飞机或卫星上的照相机相对地面稳定等等。作为精密测试仪器，陀螺仪能够为地面设施、矿山隧道、地下铁路、石油钻探以及导弹发射等提供准确的方位基准。

实验四　傅科摆(Foucault Pendulum)

仪器介绍

实验仪器如图 4-1 所示。

图 4-1　傅科摆

操作与现象

(1)将单摆拉开一定角度(不超过底盘限定的范围),使其在竖直面内摆动。

(2)调节底盘上的定标尺,使其方向与单摆的摆动方向一致。

(3)经过一段时间(大约 1～2h),观察单摆的摆动面与定标尺方向的夹角(大约 10°～20°)。

原理解析

傅科摆是法国物理学家傅科① 1851 年在巴黎国葬院的圆拱屋顶上悬挂的一个长约 67 米、摆锤重 28 千克的大单摆。随着每一次摆动,地上巨大的沙盘便留下摆锤运动的痕迹,令观摩者相顾惊诧的事情发生了,这只大摆自始至终都没有按一条直线来回往复,在经过一段时间后,摆动方向偏转了很大角度。傅科宣布:"我们看到了地球的转动。"

地球自西向东旋转,其角速度$\boldsymbol{\omega}$的方向沿地轴指向北极。处于北半球某点的运动物体速度$\boldsymbol{v}$方向(如图 4-2 所示),那么该物体所受的科里奥利力的表达式为:

$$\boldsymbol{f}_c = 2m\boldsymbol{v} \times \boldsymbol{\omega}$$

科里奥利力$\boldsymbol{f}_c$的方向垂直于一个平面,这个平面是由$\boldsymbol{v}$和$\boldsymbol{\omega}$的方向所组成的平面,所以$\boldsymbol{f}_c$垂直于$\boldsymbol{v}$,使$\boldsymbol{v}$发生偏转。图 4-3 所示的是北半球傅科摆摆

① 莱恩·傅科(Léon Foucault,1819-1868):法国物理学家。早年学习外科和显微医学,后转向照相术和物理学方面的实验研究。他的研究工作偏重于仪器的制备、新实验方法的设计,以及对物理量的精确测量。他最出色的工作是光速的测定(为此获得物理学博士学位)、"傅科摆"实验以及提出涡电流理论。

动平面的旋转示意图。

在地球的两极，傅科摆的摆动平面24小时转一圈，而在赤道上，傅科摆没有方向旋转的现象；在两极与赤道之间的区域，傅科摆方向的旋转速度介于两者之间。傅科摆在地球的不同地点旋转的速度不同，说明了地球表面不同地点的线速度不同，因此，傅科摆还可以用于确定摆所处的纬度。

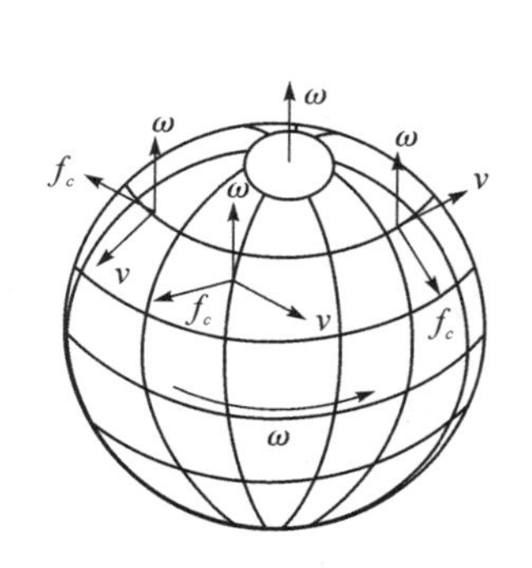

图 4-2　科里奥利力示意图

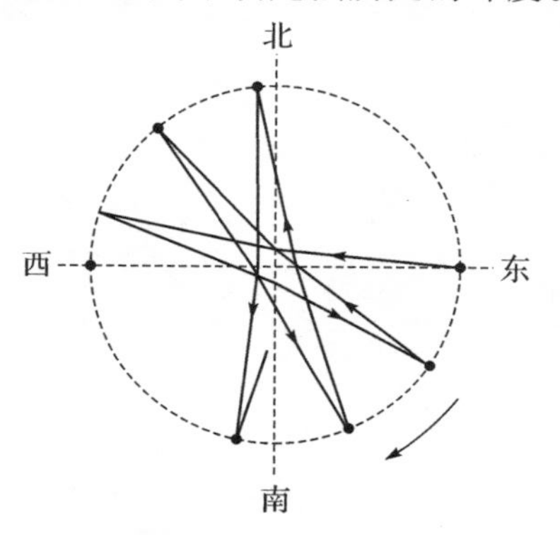

图 4-3　北半球傅科摆摆动平面的旋转轨迹

知识拓展

傅科从小喜欢动手做试验，最初傅科学习的是医学，后来才转行学习物理学。1862年，傅科使用旋转镜法成功地测定了光速为289000km/s。傅科还在实验物理方面做出了一些贡献。比如，改进了照相术，拍摄到了钠的吸收光谱。在提出傅科摆实验的第二年，即1852年，他制造出了回转仪(陀螺仪)——现代航空、军事领域使用的惯性制导装置的前身。此外，他还发现了在磁场中的运动圆盘因电磁感应而产生涡电流，这被命名为“傅科电流”。

图 4-4　法国巴黎国葬院大厅内的傅科摆

当然，最闪光的还是傅科摆实验，它非常简单地演示了地球自转的现象。傅科选择了一个28千克的铁球作为摆锤，当然傅科使用如此巨大的摆是有道理的。由于地球转动得较缓慢(相对摆的周期而言)，需要一个比较长的摆线才能显出轨迹的差异。又因为空气阻力的影响，这个系统必须拥有足够的机械能(一旦摆开始运动，就不能给它增加能量)。

此外，悬挂摆线的地方必须允许摆线在任意方向运动。傅科正是因为做到了这三点，才能成功地演示出地球的自转现象。现在，巴黎国葬院中依然保留着150年前傅科摆实验所用的沙盘和标尺(如图4-4所示)。如果你有机会凝视着这个缓慢转动着的傅科摆的时候，是否也会像伽利略或者150年前观看傅科摆实验的观众那样发出由衷的赞叹："地球真的是在转动啊！"

实验五　混沌摆(Chaotic Pendulum)

仪器介绍

如图 5-1 所示，在一个 T 型的主摆的三个端点悬挂着三个副摆。

图 5-1　混沌摆

操作与现象

当我们转动 T 型的主摆时，三个副摆随之摆动并互相影响呈现出不规则的运动状态，这就是一种混沌状态。多次重复操作，使系统获得相同的初始条件，但其后的运动状态却会表现出明显的差异。

原理解析

一个动力学系统，如果描述其运动状态的动力学方程是线性的，则只要初始条件给定，就可预见以后任意时刻该系统的运动状态。如果描述其运动状态的动力学方程是非线性的，则以后的运动状态就有很大的不确定性，其运动状态对初始条件具有很强的敏感性，并具有内在的随机性。本系统就是一个非线性系统，一个很小的扰动，就会引起很大的差异，导致不可预见的结果，这种现象称之为混沌。对初值的极端敏感性，以及对结果的不可预测性是混沌的基本特征。

混沌摆的主摆和副摆运动时互相影响和制约，因而使整个运动混沌无序，无法预测。即便多次重复操作，使系统获得相同的初始条件，但是其后的运动状态都会表现出明显的差异。

知识拓展

混沌研究始于 20 世纪 60 年代，其最有影响力的人物就是美国科学家洛伦兹[①]，他在研究大气对流方程时发现，初始值细微的变化，可以导致“失

① 爱德华·诺顿·洛伦兹(Edward Norton Lorenz，1917-2008)：美国数学与气象学家，混沌理论之父，“蝴蝶效应”的发现者。

之毫厘，差之千里”的结果，并夸张地描述到：“南美洲热带雨林中的一只蝴蝶偶尔搧动几次翅膀，几周后可能会在美国的德克萨斯州引起一场风暴。”这就是“蝴蝶效应”(The Butterfly Effect)的由来。由此可知，蝴蝶效应是指在一个动力系统中，初始条件微小的变化能带动整个系统的长期的巨大的连锁反应。“蝴蝶效应”也可称“台球效应”，它是“混沌性系统”对初值极为敏感的形象化术语，也是非线性系统在一定条件(可称为“临界性条件”或“阈值条件”)出现混沌现象的直接原因。

经过多年研究，科学家们发现混沌系统是一个非周期性的不可逆过程，它对初始值反应敏感，一个微小的扰动变化，就会产生意想不到的结果，而且长期行为不可预测。根据这种理论，人们对物理、生物进化、天文、化学反应、文化、社会发展等很多领域进行了研究，结果发现了大量符合混沌规律的事物，比如一项科学的发现会立刻改变整个人类的生产和生活方式，一起暴力事件常引发一场战争，马蹄铁上的一个钉子是否丢失也会关系着一个帝国的存亡，等等，不胜枚举。混沌规律使人类从更客观的角度对事物进行观察，而不是用公式演算出精确的结果。它警示我们，不要忽略事物发展初期的方方面面和细微之处，它们的微小变化可能会演变成一个难以控制的结果。

实验六　科里奥利力演示仪
(Coriolis Force Demonstrator)

仪器介绍

如图 6-1 所示,科里奥利力演示仪由底座、转盘、飞轮、塑料串珠等构成。

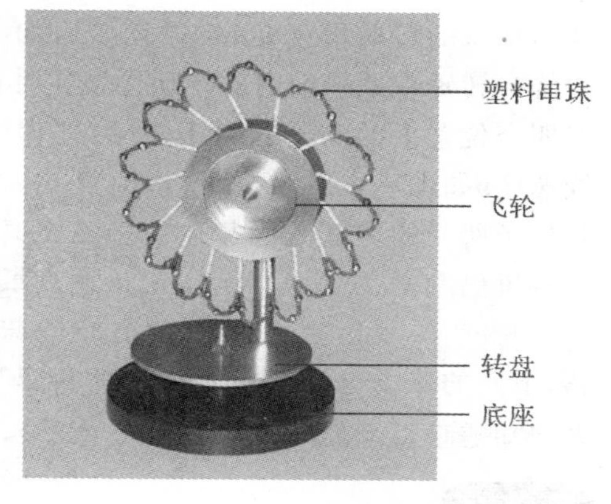

图 6-1　科里奥利力演示仪

操作与现象

一手握住底座上方的转盘,使传盘固定,另一手驱动飞轮,使飞轮绕水平自转轴转动,可以观察到飞轮边缘上的塑料串珠都在同一竖直平面内做圆周运动,呈一朵花的形状。

飞轮绕自转轴转动的同时,驱动转盘使飞轮绕转盘支承轴转动,可以观察到塑料串珠构成的花的形状发生了改变,串珠产生了向竖直转动平面内或外的偏移,一眼望去,串珠的边缘似乎起了波浪。

原理解析

塑料串珠发生偏移的原因,是因为受到了科里奥利力的作用。科里奥利力是由法国物理学家科里奥利[①]在 1835 年提出的,是为了描述非惯性系(旋转体系)的运动而需要在运动方程中引入一个假想的力。引入科里奥利力之后,人们可以像处理惯性系中的运动方程一样简单地处理非惯性系(旋转体系)中的运动方程,大大简化了非惯性系的处理方式。

---

① 科里奥利(Coriolis, Gustave Gaspard de,1792—1843):巴黎工艺学院的教师,长期健康状况不佳 ,这就限制了他创造能力的发挥。即便如此,他的名字在物理学中仍是不可磨灭的。他在 1835 年提出的科里奥利力,造成了飓风和龙卷风的旋转运动。研究大炮射击、卫星发射等技术问题时,也必须考虑到这种力。

科里奥利力：

$$f = 2m\boldsymbol{v} \times \boldsymbol{\omega} \tag{6-1}$$

式中$\boldsymbol{f}$就为科里奥利力，$\boldsymbol{v}$为质点相对非惯性系（旋转体系）运动的线速度，$\boldsymbol{\omega}$为质点绕垂直轴转动的角速度。$\boldsymbol{f}$的方向可由右手螺旋法则来判断。

取四个特殊位置（上、下、左、右）的珠子来判断串珠的运动变化。假设转盘是逆时针转动，即非惯性系的转动角速度$\boldsymbol{\omega}$的方向竖直向上，若飞轮绕自转轴在纸平面内的转动也是逆时针的，此时四个位置上的珠子相对于飞轮（非惯性系）的线速度$\boldsymbol{v}$如图 6-2 所示，则可以判断出：左、右两颗珠子所受的科里奥利力为零；上面的珠子受到的科里奥利力为 $f=2mv\omega$，方向垂直纸面向内（如图 6-2 所示），从而该位置上的串珠向内偏移；下面的珠子也受到同样大小的科里奥利力，方向却是垂直纸面向外（如图 6-2 所示），从而该位置上的串珠向外偏移。

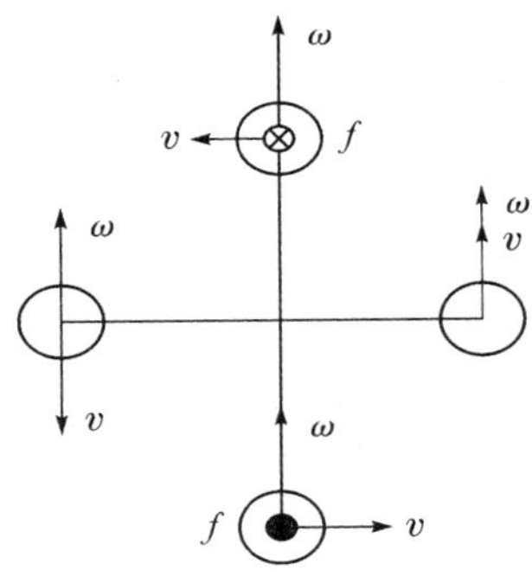

图 6-2　受力分析

知识拓展

由于人类生活的地球本身就是一个巨大的旋转体系，因而科里奥利力在流体运动领域取得了成功的应用。通常情况下，科里奥利力是一个比较微弱的力，只有物体相对地球的运动速度比较大、时间比较长时，科里奥利力的作用效果才比较显著。

科里奥利力产生的影响总结如下：

1. 在地球科学领域

由于自转的存在，地球并非一个惯性系，而是一个转动参照系，因而地面上质点的运动会受到科里奥利力的影响。地球科学领域中的地转偏向力就是科里奥利力在沿地球表面方向的一个分力。地转偏向力有助于解释一些地理现象，如河道的一边往往比另一边冲刷得更厉害。

2. 傅科摆

摆动可以看作一种往复的直线运动，在地球上的摆动会受到地球自转的影响。只要摆面方向与地球自转的角速度方向存在一定的夹角，摆面就会受到科里奥利力的影响，而产生一个与地球自转方向相反的扭矩，从而使得摆面发生转动。1851 年法国物理学家傅科预言了这种现象的存在，并且以实验证明了这种现象，他用一根长 67 米的钢丝绳和一枚 27 千克的金属

球组成一个单摆，在摆垂下镶嵌了一个指针，将这个巨大的单摆悬挂在教堂穹顶之上，实验证实了在北半球摆面会缓缓向右旋转（傅科摆随地球自转）。由于傅科首先提出并完成了这一实验，因而实验被命名为傅科摆实验。

3. 信风与季风

地球表面不同纬度的地区接受阳光照射的量不同，从而影响大气的流动，在地球表面沿纬度方向形成了一系列气压带，如“极地高气压带”、“副极地低气压带”、“副热带高气压带”等。在这些气压带压力差的驱动下，空气会沿着经度方向发生移动，而这种沿经度方向的移动可以看作质点在旋转体系中的直线运动，会受到科里奥利力的影响发生偏转。由科里奥利力的计算公式不难看出，在北半球大气流动会向右偏转，南半球大气流动会向左偏转，在科里奥利力、大气压差和地表摩擦力的共同作用下，原本正南北向的大气流动变成东北-西南或东南-西北向的大气流动。随着季节的变化，地球表面沿纬度方向的气压带会发生南北漂移，于是在一些地方的风向就会发生季节性的变化，即所谓季风。当然，这也必须牵涉海陆比热差异所导致气压的不同。科里奥利力使得季风的方向发生一定偏移，产生东西向的移动因素，而历史上人类依靠风力推动的航海，很大程度上集中于纬度方向，季风的存在为人类的航海创造了极大的便利，因而也被称为贸易风。

4. 热带气旋

热带气旋（北太平洋上出现的称为台风）的形成也受到科里奥利力的影响。驱动热带气旋运动的原动力是一个低气压中心与周围大气的压力差，周围大气中的空气在压力差的驱动下向低气压中心定向移动，这种移动受到科里奥利力的影响而发生偏转，从而形成旋转的气流，这种旋转在北半球沿着逆时针方向而在南半球则沿着顺时针方向，由于旋转的作用，低气压中心得以长时间保持。

5. 对分子光谱的影响

科里奥利力会对分子的振动转动光谱产生影响。分子的振动可以看作质点的直线运动，分子整体的转动会对振动产生影响，从而使得原本相互独立的振动和转动之间产生耦合，另外由于科里奥利力的存在，原本相互独立的振动模之间也会发生能量的沟通，这种能量的沟通会对分子的红外光谱和拉曼①光谱行为产生影响。

① 拉曼（Sir Chandrasekhara Venkata Raman，1888—1970）：印度物理学家，因光散射方面的研究工作和拉曼效应的发现，获得了 1930 年度的诺贝尔物理学奖。

实验七　直升飞机演示角动量守恒
(Helicopter Demonstrates The Conservation of Angular Momentum)

仪器介绍

如图7-1所示，即为直升飞机平衡演示仪。一支架上安装有一架直升飞机，支架底座有一电源线与控制仪相连接。

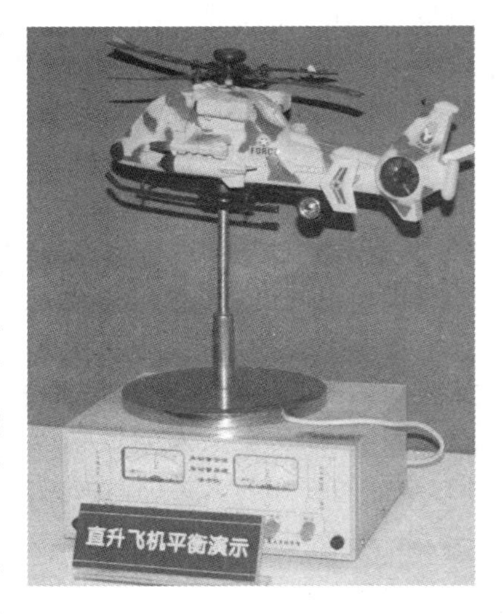

图7-1　直升飞机

操作与现象

(1)打开电源开关，将机身螺旋桨和尾翼螺旋桨控制方向的开关方向拨到一致位置，按下机身螺旋桨的控制按钮，可观察到机身和螺旋桨沿着相反的方向旋转起来，当加大螺旋桨转速时，机身的转速也随之加大。

(2)按下尾翼螺旋桨控制按钮，尾翼螺旋桨旋转，机身转速变慢，调整尾翼螺旋桨转速，直至机身不再旋转。

(3)松开机身螺旋桨和尾翼螺旋桨的控制按钮，同时改变机身螺旋桨和尾翼螺旋桨控制方向的开关；随后，再次依次按下机身螺旋桨和尾翼螺旋桨控制按钮，观察反转的现象。

(4)最后，松开机身螺旋桨和尾翼螺旋桨的控制按钮，将转速控制电压降到最低，关闭仪器电源。

原理解析

在本实验中，就机身螺旋桨和尾翼螺旋桨构成的转动系统而言，对转轴的合外力矩为零，由定轴转动的角动量守恒定律可知，直升机系统对竖直轴的角动量保持不变。所以，由于机身螺旋桨的旋转使得螺旋桨对竖直轴产生了角动量，根据角动量守恒定律，机身必须向反方向转动，使其对竖直轴的角动量与螺旋桨产生的角动量等值反向。当开动尾翼时，尾翼推动大气产生补偿力矩，根据角动量守恒定律，该力矩足以克服机身的反转使得机身

不再旋转保持不动。

就普通固定翼飞机而言，其飞行浮力来自固定在机身上的呈流线型的机翼。当飞机向前飞时，由伯努利方程可知，由于机翼的上、下表面的压力差使飞机产生上升的浮力。同样，直升机的浮力也来自相同的原理。但是直升机上的机翼则是旋转中的螺旋桨，被称为“旋翼”(每一片旋翼桨叶的截面形状就是一个翼型)。当旋翼提供浮力的同时，也会令飞机与旋翼作反方向旋转，必须以相反的力平衡。旋翼在做圆周运动时，由于半径的关系，翼尖处的线速度可以接近音速，但圆心处的线速度为零！所以旋翼在靠近圆周的地方产生最大的升力和推力，而在靠近圆心的地方非但不产生升力和推力，还会产生阻力。此外桨叶在左右两侧和空气的相对速度之差还带来对直升机飞行速度的限制。用旋翼产生推力时，直升机的前飞速度不可能超过旋翼翼尖的线速度。另外，由于旋翼前倾才能产生前飞的推力，阻力在倾斜的旋翼平面上形成一个向下的分量，造成速度越大、“降力”越大的尴尬局面，必须用增加的升力来补偿，会白白浪费发动机功率。这些原因使得直升机的速度难以提高。多数做法是以小型的尾翼螺旋桨在机尾作相反方向的推动，就是靠在尾部吹出空气，用附壁效应产生的推力平衡，好处是大幅减少噪音，而且也可以避免尾翼螺旋桨碰损的可能性，提高飞机安全性。部分大型直升机则使用向不同方向旋转的旋翼，互相抵消对机体产生的旋转力。

知识拓展

中国的竹蜻蜓和意大利人达·芬奇①的直升机草图，为现代直升机的发明提供了启示，指出了正确的思维方向，它们被公认是直升机发展史的起点。

竹蜻蜓又叫飞螺旋和“中国陀螺”，这是我们祖先的奇特发明，一直流传到现在。现代直升机尽管比竹蜻蜓复杂千万倍，但其飞行原理却与竹蜻蜓有相似之处。现代直升机的旋翼就好像竹蜻蜓的叶片，旋翼轴就像竹蜻蜓的那根细竹棍儿，带动旋翼的发动机就好像我们用力搓竹棍儿的双手。竹蜻蜓的叶片前面圆钝，后面尖锐，上表面比较圆拱，下表面比较平直，其剖面

① 列奥纳多·达·芬奇(Leonardo Da Vinci 1452-1519)：意大利文艺复兴三杰之一，整个欧洲文艺复兴时期最完美的代表。他是一位思想深邃、学识渊博、多才多艺的画家、雕刻家、音乐家、工程师、建筑师、物理学家、数学家、生物学家和哲学家，在每一学科领域里，都取得了极高的成就。

就是翼型，由伯努利方程可知，当气流经过圆拱的上表面时，其流速快而压力小；当气流经过平直的下表面时，其流速慢而压力大，就这样上下表面形成了压力差而产生向上的升力。当升力大于它本身的重量时，竹蜻蜓就会腾空而起。直升机旋翼产生升力的道理与竹蜻蜓是相同的。

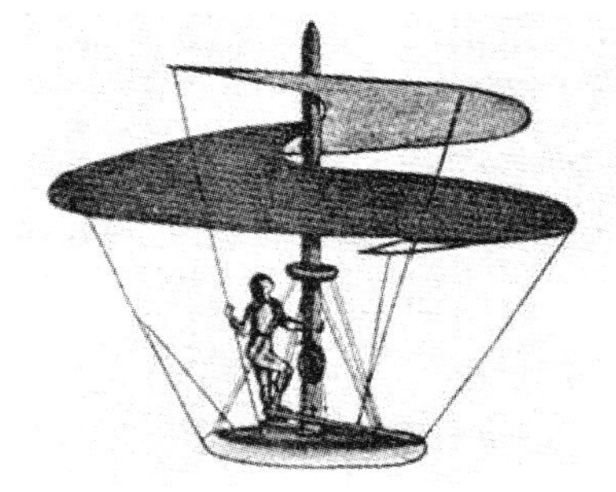
图 7-2 达·芬奇设计的直升飞机

19 世纪末，在意大利的米兰图书馆发现了达·芬奇在 1475 年画的一张关于直升飞机的想象图（如图 7-2 所示）。这是一个用上浆亚麻布制成的巨大螺旋体，看上去好像一个巨大的螺丝钉。它以弹簧为动力旋转，当达到一定转速时，就会把机体带到空中。驾驶员站在底盘上，拉动钢丝绳，以改变飞行方向。

实验八　能量穿梭机(Energy-shuttled Machine)

仪器介绍

如图 8-1 所示，为一小型能量穿梭机。图 8-2 为穿梭流程图。

图 8-1　能量穿梭机

操作与现象

用输送带将小钢球输送到展品的顶端之后，借助其势能沿着特制的轨道，在经历了离心运动、斜抛运动、惯性运动、螺旋运动、模拟天体运动、水平运动和弹性碰撞之后，回到出发点，

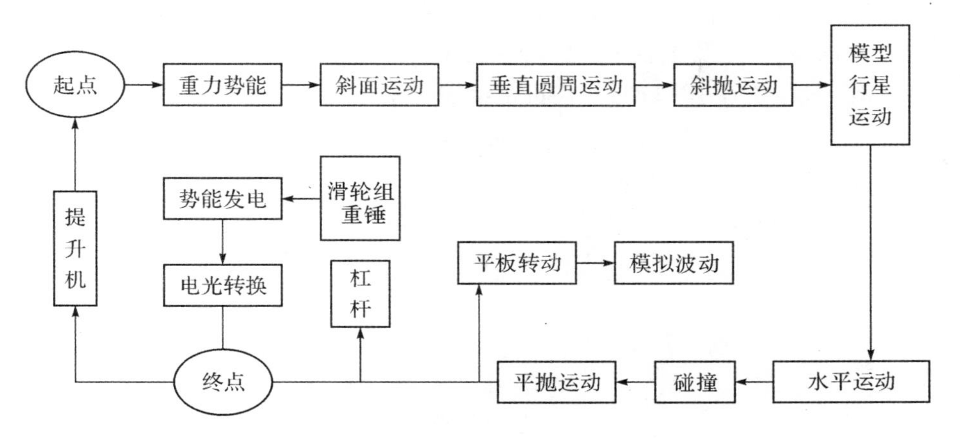

图 8-2　穿梭流程

如图 8-2 所示。这期间小球急冲直下，或缓缓平滚，或盘旋而下，或逆势上扬，或跳跃前行，以多种姿态在运动轨迹中完成多种声、光、电的节目，在运动中完成能量转换及动量传递。当小球在螺旋运动之后的一段水平轨道上运行时，还会触动感应开关，给您意外的惊喜。这是一项科学性与娱乐性都极强的展品。如果你仔细地观察和思考，会领悟出许多道理。

原理解析

能量守恒定律指出：自然界的一切物质都具有能量，能量既不能创造也

不能消灭，而只能从一种形式转换成另一种形式，从一个物体传递到另一个物体，在能量转换和传递过程中能量的总量恒定不变。

本装置有各种转轮、传送装置等，小球从高处滚下，由于重力势能的释放，转化为动能，使小球发生了一系列生动有趣的运动过程。

演示装置上的电源开关，自动把小球移到最高处，然后小球从高处滚下即可进行演示。本装置主要演示小球在电能、机械能、重力势能、动能的一系列转化过程中像穿梭机一样运动的过程。

知识拓展

香港科学馆里最大的展品是能量穿梭机，更是现今世界上同类型展品中最大的一件。能量穿梭机高 22 米，并分甲塔、乙塔及接驳廊三个部分，轨道全长超过 1.6 千米，最长的路线也要以最少 1 分 30 秒才能走完。能量穿梭机利用约 24 个由合成纤维制成、重 2.3 公斤、直径 19 厘米的滚球，由中央电脑控制的开关装置及轨道选择装置将圆球有系统地送往不同轨道滚动，并令各种乐器产生不同的声音、霓虹灯及部分设施的移动，表达出势能转化为动能、声能及光能等。如果你有机会去香港旅游，一定得去香港科学馆参观一番，领略一下能量穿梭机带给你的惊喜。

实验九 锥体上滚(Double-cone Rolling up)

仪器介绍

如图 9-1 所示,由 V 形导轨、导轨支架和双锥体构成。V 形导轨开口端高、闭口端低,构成一倾斜轨道,轨道的坡度和两导轨间的夹角可通过导轨支架微调。

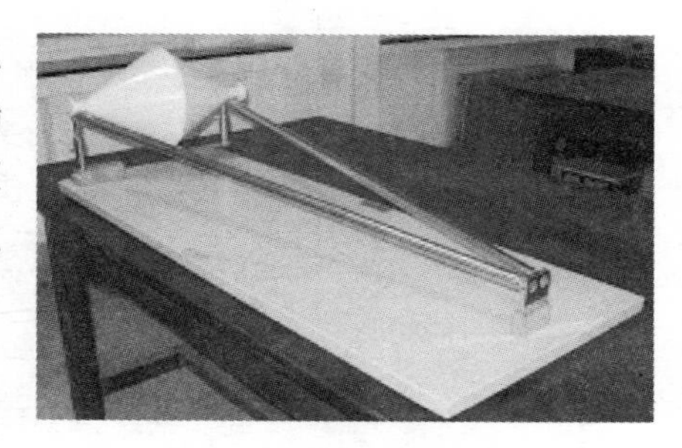

图 9-1 锥体上滚装置

操作与现象

将锥体置于导轨的高端,锥体并不下滚;反之,将锥体置于导轨的低端,松手后锥体会自动上滚,直至高端后停住。注意:放置双锥体时,其轴线应与导轨平面平行,否则上滚时易脱离轨道,损坏底座。

原理解析

在重力场中,物体在地球引力的作用下,总是以降低重心来趋于稳定。本实验中锥体与轨道的形状巧妙组合,给人以锥体自动由低处向高处滚动的错觉:V 形导轨的低端处,两根导轨相距较小,停于此处的锥体重心最高,重力势能最大;V 形导轨的高端处,两根导轨相距较大,停于此处的锥体重心最低,重力势能最小。因此,从导轨低端处释放锥体,锥体就会沿导轨从低端滚向高端,这其间锥体的重心逐渐降低,重力势能逐渐减小,被转化为锥体滚动时的动能,体现了机械能守恒。

图 9-2 为锥体上滚轮原理图。在本装置中,影响锥体滚动的参数有三个:导轨的坡度角 α,双轨道的夹角 γ 和双锥体的锥顶角 β。β 角是固定的,夹角 γ 与 α 是可调的,计算表明,当角 α、β、γ 三角满足下面关系时:$\tan\frac{\beta}{2}\tan\frac{\gamma}{2}>\tan\alpha$,就会出现锥体主动上滚的现象。

由此可知,通过锥体上滚的演示,能加深理解在重力场中,物体总是以降低重心力求稳定这一规律。

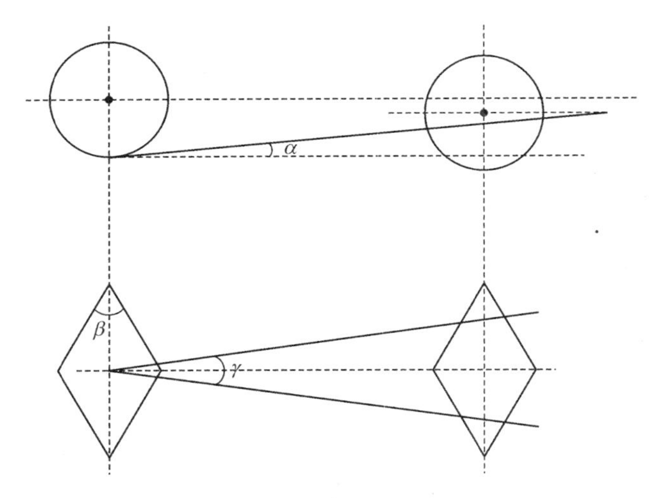

图 9-2　锥体上滚原理

应用实例

世界上已经发现了多处"怪坡"。在这些"怪坡"上，汽车下坡时必须加大油门，而上坡时即使熄火也可到达坡顶；骑自行车下坡时要使劲蹬，而上坡时却要紧扣车闸；人在坡上走，也是上坡省力，下坡费劲。如果仔细研究会发现，所谓的"怪坡"并没有违反科学规律，"怪坡"与它路边倾斜的参照物——护栏、石柱巧妙结合，给人一种错觉，就好比"锥体上滚"一样的错觉。物理规律是不会欺骗我们的：在重力场中，物体的能量总是自然地趋向最低状态，物体总是以降低重心力求稳定的。

在台东县东河乡，有一个名叫"都兰"的旅游胜地，其最吸引游人处，便是"水往高处流"。"怪坡"旁有一股小溪，溪水流到山脚下的农田，而靠近山脚旁的另一股溪水不往下流，偏偏反其道而行之，向山坡上流去，观者无不称奇。

第二节　空气动力学

实验十　伯努利悬浮器(Bernoulli Suspension)

仪器介绍

如图10-1所示，上方密封正方体内有一个风扇，开启后风向下吹，与下方透明的倒扣的漏斗状管道连通，管道下端放置承接气球的平台。另附一个圆形气球。

伯努利悬浮器

图10-1　伯努利悬浮器

操作与现象

将气球放在倒扣的漏洞中，打开风扇电源，风是向下吹的，而气球会向上运动，悬浮在半空中，感觉是被漏斗吸在上方，如图10-2所示。

原理解析

18世纪瑞士物理学家丹尼尔·伯努利①发现，理想流体②在重力场中做稳定流动③时，同一流线上各点的压强、流速和高度之间存在一定的关系，即伯努利方程：

$$p+\rho gh+\frac{1}{2}\rho v^2=常量$$

① 丹尼尔·伯努利(Daniel Bernoulli，1700-1782)：瑞士物理学家、数学家、医学家，著名的伯努利家族中最杰出的一位。丹尼尔受父兄影响，一直很喜欢数学，他对数学很痴迷，忘情地沉溺于数学之中，有人调侃他就像酒鬼碰到了烈酒。1738年出版了《流体动力学》，这是他最重要的著作。

② 不可压缩、没有黏滞性的液体称为理想流体。一般情况下，密度不发生明显变化的气体、黏滞性小的液体均可看作是理想流体。

③ 流体质点经过空间各点的流速虽然可以不同，但如果空间每一点的流速不随时间改变，这样的流动方式称为稳定流动或定常流动。

考虑到是开放系统，则空气密度各点变化不大，认为是常数。如果高度 h 的变化很小，该项也可以认为是常数。伯努利方程就变形为：

$$p+\frac{1}{2}\rho v^2=\text{常量} \tag{10-1}$$

选定倒扣的漏斗为边界的空气作为流管（如图 10-3 所示），考察漏斗口径小的端面上任意一点与漏斗口径大的端面上任意一点的压强和速度关系。同等时间内流过两个端面的空气量是相等的，即 $S_1 \cdot v_1=S_2 \cdot v_2$。

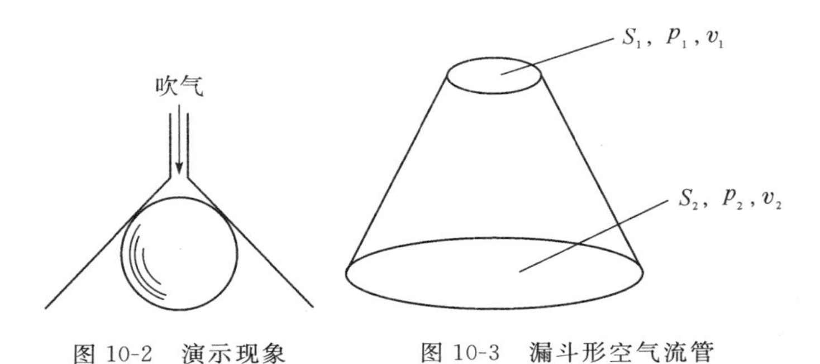

图 10-2　演示现象　　　图 10-3　漏斗形空气流管

显然，$S_1<S_2$，则 $v_1>v_2$，由(10-1)式可得出 $p_1<p_2$。由此可知，在流动的流体中，流速大的地方压强小，流速小的地方压强大。如图 10-3 所示，漏斗形空气流管的下端表示高压，上端则表示低压，把气球放在这个梯度中，气球本身质量很轻，上下表面的压强差足以使气球悬浮在空中。

应用实例

喷雾器：利用流速大、压强小的原理制成。

如图 10-4 所示，当对着插入瓶子的吸管上方吹气时，此处空气因流速大、而导致压强偏小，于是瓶子的液体就会顺着压强大的往压强小的方向运动，即在大气压的作用下，将液体压入吸管内。液体到了吸管上方又会被高速流动的空气吹出去，变成水雾（微小的水滴）了。

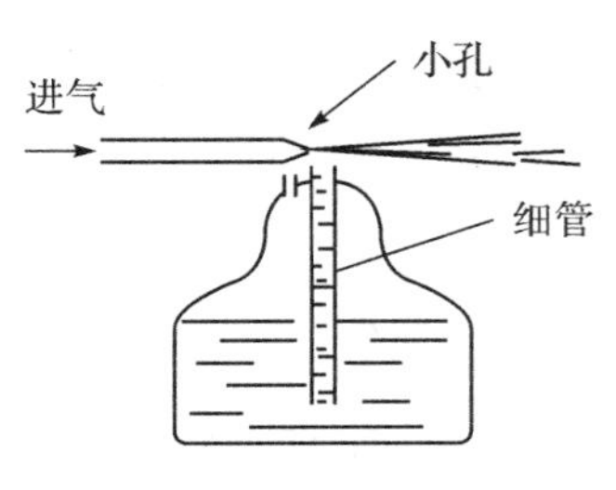

图 10-4　喷雾器原理

实验十一　飞机举力(Aircraft's Lift)

仪器介绍

如图 11-1 所示:右端装有风扇,左端装有两片切面形状分别为机翼形和长方形的泡沫。

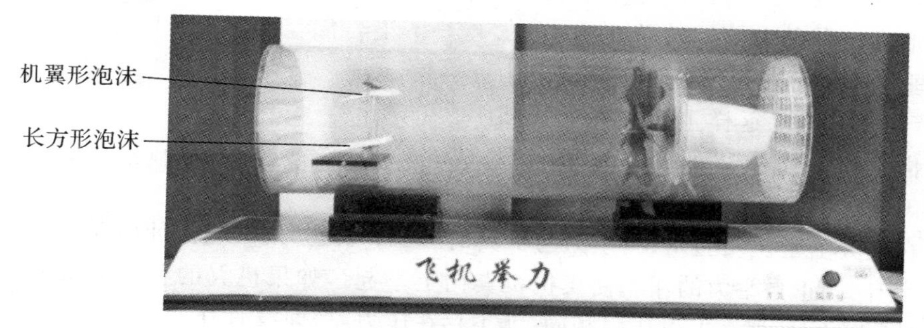

图 11-1　飞机举力演示仪

操作与现象

按下前面板上的控制开关,风扇开启。持续一定时间后,切面是机翼形的泡沫沿着支架升起飘浮在空中,而切面是长方形的泡沫却是纹丝不动(如图 11-1 所示)。用手拨动这两个模型,均没有摩擦阻力。

原理解析

流体流动时,在同一水平流线上的压强 p 与流速 v 存在一定的关系:

$$p+\frac{1}{2}\rho v^2=\text{恒量}$$

这就是伯努利方程,它表明:流速大的地方压强小,流速小的地方压强大。

飞机机翼的翼剖面又叫做翼型,一般翼型的前端圆钝、后端尖锐,上表面拱起、下表面平直,呈流线型。前端点叫做前缘,后端点叫做后缘,两点之间的连线叫做翼弦。当气流迎面流过机翼时,流线分布情况如图 11-2 所示。原来是一股气流,由于机翼的插入,被分成上下两股。通过机翼后,在后缘又重合成一股。由于机翼上表面拱起,使上方的那股气流的通

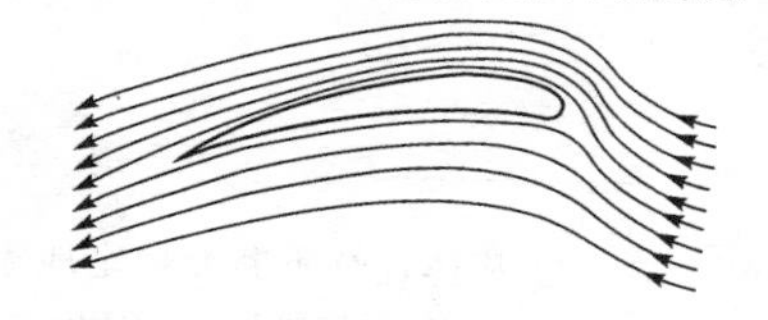

图 11-2　飞机机翼表面的气流分布

道变窄，下表面的气流流管变粗。根据流体的连续性原理①，可知机翼上方的流速比机翼下方的流速大。因而机翼上方的压强比机翼下方的压强小；也就是说，机翼下表面受到向上的压力比机翼上表面受到向下的压力要大，这个压力差就是机翼产生的升力。由此可说明实验中的现象。

根据伯努利方程，在速度比较大的一侧压强要相对低一些，因此机翼下表面的压强要比上表面大，形成一个向上偏后的总压力，它在垂直方向上的分力叫举力或升力（图 11-3a）。这样重于空气的飞机借助机翼上获得的升力克服自身因地球引力形成的重力，从而翱翔在蓝天上了。实验指出，举力与机翼的形状、气流速度和气流冲向翼面的角度有关，正是举力的作用使飞机机翼向上举起。如果机翼的上下形状相同（图 11-3b），那么上下压强相同，就不存在压力差，即没有升力。

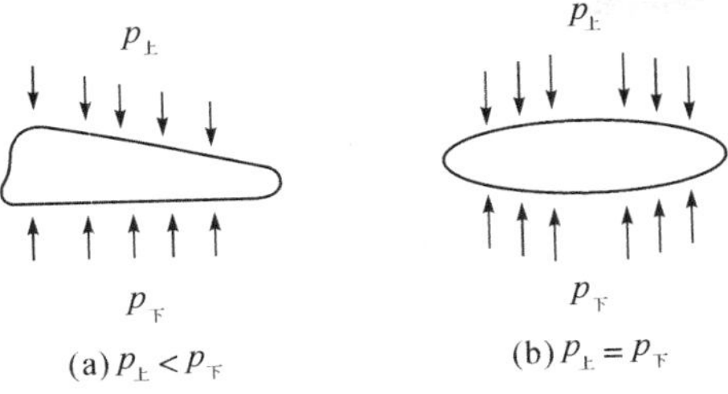

(a) $p_上 < p_下$　　(b) $p_上 = p_下$

图 11-3　飞机升天原理

应用实例

鸟类飞行的原理与飞机飞行的原理类似，均是利用了伯努利方程。

鸟类翅膀是流线型的，穿过空气时阻力很小，而且它的横切面类似于图 11-2 的飞机机翼剖面。当两只翅膀不断上下扇动，鼓动气流，根据伯努利方程，可知翅膀上下两面会存在压力差，就产生了升力，使鸟体快速向前飞行。

当然，鸟类飞行的原理还跟它们自身的骨骼结构、呼吸系统等有关，原因是比较复杂的。

---

① 当流体连续不断而稳定地流过一个粗细不等的管道时，由于管道中任何一部分的流体都不能中断或挤压，因此在同一时间内，流进任一切面的流体的质量和从另一切面流出的流体质量是相等的。

实验十二 龙卷风模拟仪(Tornado Simulator)

仪器介绍

如图 12-1 所示,四个柱子撑起一座圆柱形塔,塔底装有风轮,塔顶则装有抽风机。

图 12-1 龙卷风模拟仪

操作与现象

龙卷风是一种涡旋:空气绕龙卷的轴快速旋转,受龙卷中心气压极度减小的吸引,近地面几十米厚的一薄层空气内,气流从四面八方被吸入涡旋的底部,并随即变为绕轴心向上的涡流,龙卷中的风总是气旋性的,其中心的气压比周围气压低百分之十。

人造旋风是在一个圆柱形塔内(如图 12-1 所示)内形成。塔底的风轮将雾化过的水雾吹出,随后水雾在四根柱子吹出的微风作用下形成气旋,在塔顶的抽风机作用下,气旋逐渐盘旋上升,形成人造旋风,并由塔顶冲出来。像天然旋风那样,气柱中心的气压较低,并且形成部分真空,使得塔下面的空气能冲进去充满这一真空,并沿着旋风的轴心线向上运动。

原理解析

龙卷风的形成主要是由云层的上下温度差造成的,下降的冷空气和上升的热空气形成了气流涡旋。上面冷气流急速下降,下面热空气猛烈上升。上升气流到达高空时,如果遇到很大的水平方向的风,就会迫使上升气流“倒挂”(向下旋转运动)。由于上层空气交替扰动,产生旋转作用,形成许多小涡旋。这些小涡旋逐渐扩大,上下激荡越发强烈,终于形成大涡旋。大涡旋是绕水平轴旋转,形成了一个呈水平方向的空气旋转柱。这个运动气旋是在绕轴旋转的地球(非惯性系)上运动,对它进行受力分析(如图 12-2 所示),气旋受

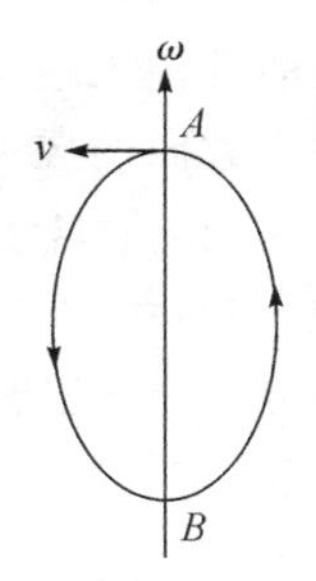

图 12-2
运动气旋的受力分析

到科里奥利力($\boldsymbol{f}=2m\boldsymbol{v}\times\boldsymbol{\omega}$,式中$\boldsymbol{\omega}$为地球自转的角速度)作用。由右手螺旋定则可以判断出 A 点处$\boldsymbol{f}$的方向为垂直纸面向里,同理可知 B 点受力方向为垂直纸面向外。由于力矩的作用,整个水平气旋的两端渐渐弯曲,并且从云体中慢慢垂了下来。对积雨云前进的方向来说,从左边伸出云体的叫“左龙卷”,从右边伸出云体的叫“右龙卷”;前者顺时针旋转,后者逆时针旋转。

知识拓展

龙卷风的危害性极大。由于其中心气压极低,在龙卷风扫过的地方,犹如一个特殊的“吸泵”,往往把它所触及的水和沙尘、树木等吸卷而起,形成高大的柱体。更为严重的破坏是,龙卷风扫过建筑物时,建筑物会因内外气压相差过大而撕裂。因此,对龙卷风进行探测显得尤为重要。

多普勒雷达是比较有效和常用的一种观测仪器。多普勒雷达对准龙卷风发射微波束,微波信号被龙卷风中的碎屑和雨点反射后重被雷达接收。根据多普勒效应,如果龙卷风远离雷达而去,反射回的微波信号频率将向低频方向移动;反之,如果龙卷风越来越接近雷达,则反射回的信号将向高频方向移动。接收到信号后,雷达操作人员就可以通过分析频移数据,计算出龙卷风的速度和移动方向。

气象卫星的出现给龙卷风预报增添了新的探测工具,尤其是用同步卫星拍摄的云层照片,在监视龙卷风的发生上起着更重大的作用。

虽然没有任何办法能够制服这一可怕的现象,但是旋风的表现方式已经引起科学家们的思考:如何人为地引起旋风和控制其力量,以便用来发电。

美国科学研究者已经制造了一个小型的实验性模型,把旋风转化为一种能源。人造旋风在一个无顶的圆柱塔内(如图 12-3)形成。圆柱塔能把各个方向的风引进来。微风通过塔侧的气门或者叶片进入塔内,然后绕弯弯曲曲的内壁盘旋上升,形成人造旋风。旋风盘旋到足够快时,会向上移动,并由塔顶冲出来。像天然旋风那样,气柱中心的气压非常低,并且形成部分真空,使塔下面的空气冲进去充满这一真空,并沿着旋风的轴心线向上运动,空气的这种动力,可用来转动塔底的涡轮机,转动发电机。

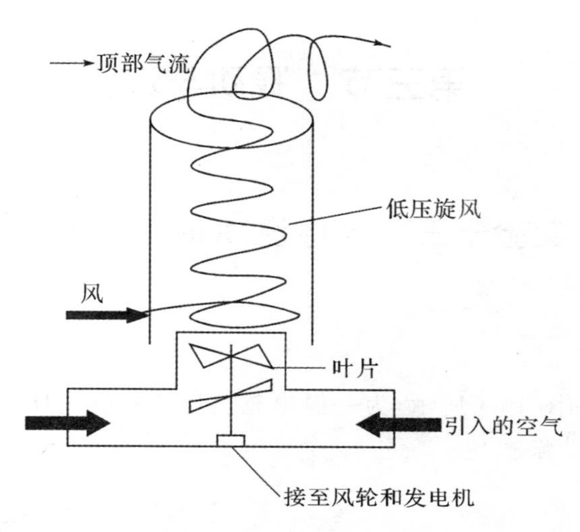

图 12-3　人造旋风发电机

第三节　振动与波

实验十三　昆特管(Kundt Tube)

仪器介绍

昆特[①]管如图 10-1 所示，为一根半充满煤油的有机玻璃管，一端装有振动装置和信号源。

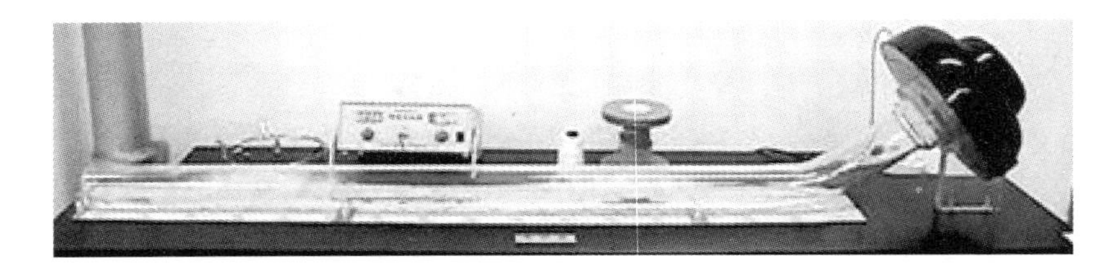

图 13-1　昆特管

操作与现象

(1)将信号源电压输出调至最低，打开信号源。

(2)信号频率调至某一参考值附近，调节频率微调旋钮至管内形成驻波。此时能看到激起明显的片状的煤油浪花，甚至会形成“喷泉”，即在管内形成了稳定的驻波(若现象不明显可适当增大电压值)。

(3)依次观察在各参考频率下管内出现驻波的情况，以及相邻两浪花的间距。尤其是，昆特管的反射端到第一个浪花的距离是其他浪花间距的一半。

---

① 奥古斯特·昆特(August Kunt，1839-1894)：又译为“奥古斯特·孔脱”，是 19 世纪德国第一流的实验物理学家。他首创了测量声速的方法，首测了单原子气体的热容比，并最早发现了气体的法拉第效应。1866 年，他发明了昆特管，用以测量气体或固体中的声速。发现 X 射线并获得诺贝尔物理学奖的伦琴在 1869 年从苏黎世大学获得哲学博士学位之后，曾担任过昆特的助手。

原理解析

振源发出的声波在昆特管内的空气中传播，在反射端反射形成反射波，并与入射波叠加形成驻波。在驻波中，波节点始终保持静止，波腹点的振幅为最大，其他各点以不同的振幅振动，所以在驻波中没有振动状态和相位的传播。相邻两波节(或相邻两波腹)间的距离均为半个波长。

由于声音是纵波，体现出来的形式为推动玻璃管内空气移动，又根据伯努利方程，在驻波的波腹位置处，空气振动剧烈，空气偏移速度大，导致空气压强最小，煤油就会被吸起，形成煤油浪花；在驻波的波节位置处，空气的振动情况则与波腹位置截然相反，空气聚集，导致空气压强增大，高压空气会将此处的煤油向下挤压，使得煤油只能向两侧(波腹位置)流动。最终两者达到动态平衡，就会形成“喷泉”现象(如图 13-2 所示)。由于反射端有半波损失会形成波节，因此反射端到第一个浪花的距离就为 1/4 个波长。

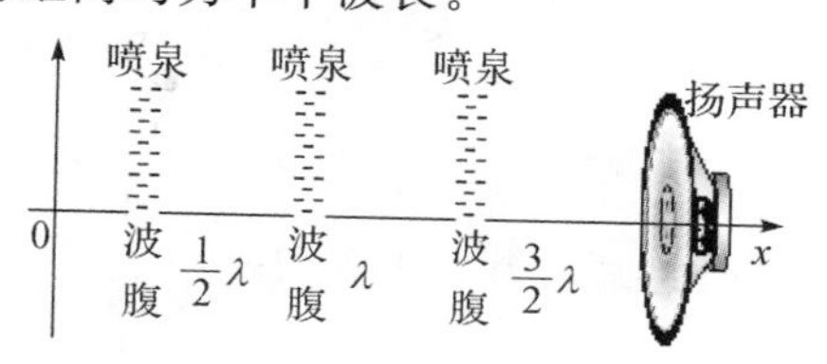

图 13-2　昆特管中喷泉的分布

知识拓展

驻波形成的条件及特征

设图 13-3 中的两列波是沿 x 轴相向方向传播的振幅相等、频率相同、振动方向一致的简谐波。向右传播的用细实线表示，向左传播的用细虚线表示，当传至弦线上相应点时，位相差为恒定时，它们就合成驻波用粗实线表示。由图 13-3 可见，两个波腹或波节间的距离都是等于半个波长，这可从波动方程推导出来。

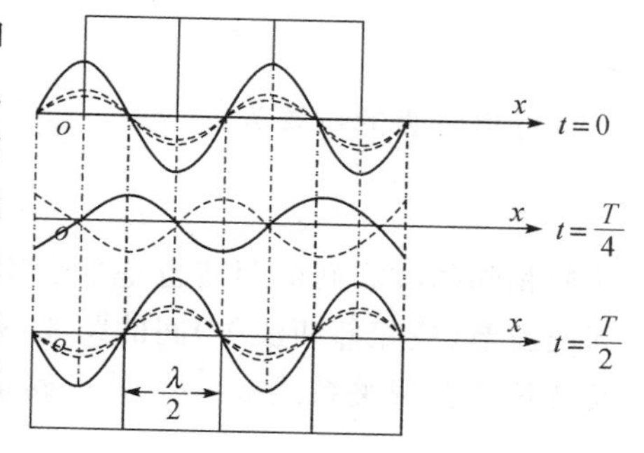

图 13-3　波形

我们用简谐波表达式对驻波进行定量描述。设沿 x 轴正方向传播的波为入射波，沿 x 轴负方向传播的波为反射波，取它们振动相位始终相同的点作坐标原点，且在 $x=0$ 处，振动质点向上达到最大位移时开始计时，则它们的波动方程分别为：

$$y_1=A\cos 2\pi\left(ft-\frac{x}{\lambda}\right)$$

$$y_2=A\cos 2\pi\left(ft+\frac{x}{\lambda}\right)$$

式中 A 为简谐波的振幅，f 为频率，λ 为波长，x 为弦线上质点的坐标位置。两波叠加后的合成波为驻波，其方程为：

$$y_1+y_2=2A\cos 2\pi\left(\frac{x}{\lambda}\right)\cos 2\pi ft \tag{13-1}$$

由此可见，入射波与反射波合成后，弦上各点都在以同一频率作简谐振动，它们的振幅为 $\left|2A\cos 2\pi\left(\frac{x}{\lambda}\right)\right|$，只与质点的位置 x 有关，与时间无关。

由于波节处振幅为零，即 $\left|\cos 2\pi\left(\frac{x}{\lambda}\right)\right|=0$，则有

$$2\pi\frac{x}{\lambda}=(2k+1)\frac{\pi}{2}(k=0,1,2,\cdots)$$

可得波节的位置为：

$$x=(2k+1)\frac{\lambda}{4} \tag{13-2}$$

而相邻两波节之间的距离为：

$$x_{k+1}-x_k=[2(k+1)+1]\frac{\lambda}{4}-(2k+1)\frac{\lambda}{4}=\frac{\lambda}{2} \tag{13-3}$$

又因为波腹处的质点振幅为最大，即 $\left|\cos 2\pi\left(\frac{x}{\lambda}\right)\right|=1$

$$2\pi\frac{x}{\lambda}=k\pi \qquad (k=0,1,2,\cdots)$$

可得波腹的位置为：

$$x=k\frac{\lambda}{2} \tag{13-4}$$

这样相邻的波腹间的距离也是半个波长。因此，在驻波实验中，只要测得相邻两波节（或相邻两波腹）间的距离，就能确定该波的波长。根据波速、频率及波长的普遍关系式 $v=f\lambda$，就可确定波的传播速度。

实验十四　声聚焦(Sound Focusing)

仪器介绍

两个面对面放置的如图 14-1 所示的抛物面，相隔十几米远，就构成了声聚焦演示仪。

图 14-1　声聚焦演示仪

操作与现象

两个人分别站在两面抛物面的焦点处，一人说悄悄话，另一个人可以清晰地听到对方的说话声，体验到抛物面对声音的反射和聚集作用。

原理解析

声聚焦：就是指凹面对声波形成集中反射，使反射声聚焦于某个区域，造成声音在该区域特别响的现象。

如图 14-2 所示，为抛物面的截面图，F 为其焦点，MN 为抛物反射面的准线。A_1P_1 和 A_2P_2 为任意传来的两列声波，它们的延长线和准线交于 Q_1 和 Q_2 点，根据抛物面的性质，可知：$P_1F=P_1Q_1$，$P_2F=P_2Q_2$，即 $A_1P_1F=A_2P_2F$，所以，平行于轴的各声线到达焦点 F 的声程相等。平行于轴的声波都交于焦点 F。

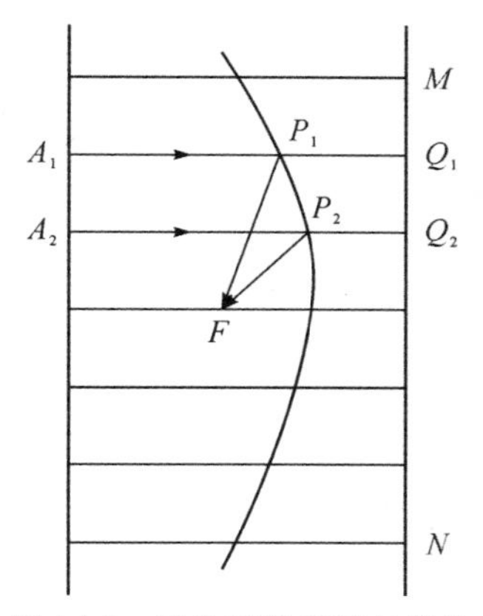

图 14-2　抛物面的反射与聚焦

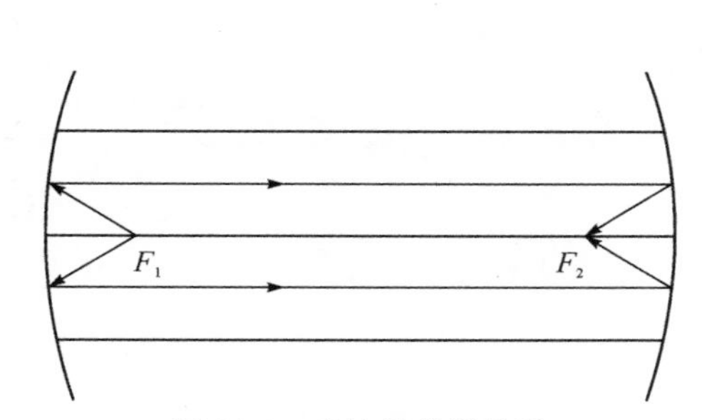

图 14-3　声波的传播路线

如图 14-3 所示为声波的传播路线图。将声源置于左抛物面的焦点 F_1 处，声波将被抛物面以平行于轴向右反射出去，此平行波射到右面抛物面时，被抛物面反射的声波聚交于右边的焦点 F_2 处。

应用实例

利用声聚焦原理制作而成的声聚焦喇叭主要用于声音的宣传，能够像手电筒的光束一样将声音聚焦，应用在博物馆、展览馆、主题公园等很多场合，它的主要特点就是，能使各区播放的声音互不干扰，在双抛物线圆顶内声音音质最清晰，不受外界任何干扰。声聚焦喇叭可配置红外感应功能，红外感应器控制自带的功放，可接任何发声设备。如果声聚焦喇叭配置 CD 播放机，红外感应器控制 CD 播放机，当有人走进声聚焦喇叭下方时，播放机自动开机开始播放碟片，当人离开后播放机自动停机。

当然，声聚焦造成声能过分集中，使声能汇聚点的声音嘈杂，而其他区域听音条件变差，扩大了声场不均匀度，严重影响听众的听音条件。穹顶会形成声聚焦的不良声学效果，人站在穹顶下方将听到被聚焦的令人难以接受的轰音（又称龙音，古时候形容众多天龙汇聚在一起怒吼的声音），老百姓俗称“怪声”。所以声聚焦作为一种声缺陷是需要避免的，因此在装修音乐厅时要避免尺寸较大的凹状墙面，以免出现声聚焦现象；为避免出现啸叫，音响相对的墙角上部，应有一定的扩散构造，使声音不在墙角聚集。

实验十五　声波可见
(Acoustic Wave Changes Visibly)

仪器介绍

如图 15-1 所示，即为声波可见演示仪，包括琴腔、琴弦、黑白相间的滚轮等。

图 15-1　声波可见演示

操作与现象

(1)将整个装置竖直放稳，用手转动滚轮。

(2)依次拨动四根琴弦，可观察到不同长度、不同张力的弦线上出现不同基频与协频的驻波。

(3)重复转动滚轮，拨动琴弦，观察弦上的波形。

原理解析

通过直接将乐器弦的振动转化为可视的波来揭示声音的性质。不同长度、不同张力的弦振动后形成的驻波基频、谐频各不相同，即合成波形各不相同。本装置产生的是横波，可借助滚轮中黑白相间的条纹和人眼的视觉暂留作用将其显示出来。滚轮类似数据采集器，滚轮速度过小，会导致观察到的波形不连续，效果不明显。

知识拓展

视觉暂留现象——Visual staying phenomenon

人眼在观察景物时，光信号传入大脑神经，需经过一段短暂的时间，光的作用结束后，视觉形象并不立即消失，这种残留的视觉称“后像”，视觉的这一现象则被称为“视觉暂留”，原因是由视神经的反应速度造成的，其时值是 1/24 秒。

视觉实际上是靠眼睛的晶状体成像，感光细胞感光，并且将光信号转换为神经电流，传回大脑引起人体视觉。感光细胞的感光是靠一些感光色素，感光色素的形成是需要一定时间的，这就形成了视觉暂留的机理。

视觉暂留现象首先被中国人发现，走马灯便是历史记载中最早的视觉暂留运用。宋时已有走马灯，当时称“马骑灯”。随后法国人保罗·罗盖在1828年发明了留影盘，它是一个被绳子在两面穿过的圆盘，盘的一个面画了一只鸟，另一面画了一个空笼子。当圆盘旋转时，鸟就在笼子里出现了。这证明了当眼睛看到一系列图像时，它一次保留一个图像。

电影最重要的原理也是“视觉暂留”。电影胶片以每秒24格画面匀速转动，一系列静态画面就会因视觉暂留作用而造成一种连续的视觉印象，产生逼真的动感。

感兴趣的读者可以做以下的“视觉暂留”小实验。

方法如下：

(1)注视图15-2中心四个黑点15～30秒钟！(不要看整个图片，而是只看那中间的4个点！)

(2)然后朝自己身边的墙壁看(白色的墙或白色的背景)或者看此页面的白色部分。

图15-2 “视觉暂留”小实验

(3)看的同时快速眨几下眼睛，看看您能看到什么？(答案：Oh, My God!)

实验十六　鱼洗(Yuxi Basin)

仪器介绍

如图 16-1 所示,“鱼洗”是用黄铜制作的盆形器皿,盆沿有两个铜耳,盆底刻有四条栩栩如生的鱼,鱼与鱼之间刻有四条清晰的《易经》河图抛物线。

图 16-1　鱼洗

操作与现象

“鱼洗”中注入适量清水,洗干净双手并确认手掌上无油、无滑腻感;随后用双手有规律地摩擦两个铜耳,开始时,水面只起了涟漪,随着双手同步地摩擦,“洗”会发出蜂鸣声,声音或振幅大到一定程度时,盆中就会喷射出水花,而且水花越喷越高,水花的位置正好处于盆内鱼嘴处。

操作前先用肥皂洗净双手,必要时将鱼洗的铜耳也用肥皂洗净,其目的是去除手或铜耳上的油腻,以增加摩擦.

原理解析

当双手有规律地摩擦两个铜耳时,即用单方向的力激起铜耳的振动,鱼洗也随之产生受迫振动,振动在水中传播,互相干涉。当铜耳的振动频率与鱼洗的固有频率接近或相等时,鱼洗壁产生共振,振动幅度急剧增大。由于鱼洗底的限制,使其产生的波动不能向外传播,于是在鱼洗内壁上入射波与反射波相互叠加而形成驻波。就鱼洗这种圆盆形的物体而言,其基频振动的驻波形式为四个波节和四个波腹组成的振动状态,它们圆周呈等距离的分布。波腹处剧烈的振动会使水具有动能大于水的表面张力限定的势能,且能克服重力再向上运动,于是水被激出水面向上喷射形成水花。四个波腹同时作用,就出现了水花四溅的现象。波腹处恰又刻有四条鱼,如此一来,水花就像是从鱼嘴里喷出似的。

知识拓展

鱼洗在先秦就已出现,但没有供搓摩的耳,因而也就谈不上喷水了。能

喷水的鱼洗发明于北宋。宋代王明清记述了“鱼洗”——取磁盆一枚示似夫……有画双鲤存焉，水满则跳跃如生，覆之无它矣。(《挥尘录·前录》)①

铜喷洗最初是古代供帝王祭祀天神、祖先时盥手时用的青铜器皿。传说此物曾于古代作为退兵之器，因共振波发出轰鸣声，众多鱼洗汇成千军万马之势，传数十里，敌兵闻声却步。鱼洗反映了我国古代科学制器技术，已达到高超的水平。

---

① 注：摘自《中国古代物理学史》。

第二章

热学演示实验

实验十七　伽耳顿板(Galton Plate)

仪器介绍

有机玻璃制作的封闭式结构的伽尔顿[①]板,如图 17-1 所示。腔内分为

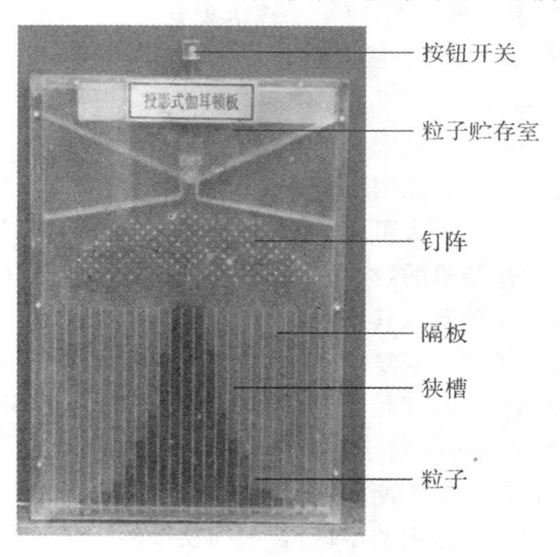

图 17-1　伽尔顿板

① 弗朗西斯・伽尔顿(Francis Galton 1822—1911):又译为“弗朗西斯・高尔顿”,英国人类学家、生物统计学家、英国探险家、优生学家、心理学家,差异心理学之父,也是心理测量学上生理计量法的创始人。1859 年,伽尔顿的表哥达尔文的巨著《物种起源》问世以后,触动了他用统计方法研究智力遗传进化问题,第一次将概率统计原理等数学方法应用于生物科学,明确提出“生物统计学”的名词。现在统计学上的“相关”和“回归”的概念也是伽尔顿第一次使用的。

贮存室、钉阵和狭槽三部分。粒子贮存室位于腔的上部；钉阵位于腔的中部，由铁钉组成；钉阵下方有狭槽。粒子直径约为1.5mm。伽尔顿板主要演示大量偶然事件的统计规律和涨落现象，是说明物理学中统计与分布概念的仪器。

操作与现象

（1）打开活门，将仪器倒置，待粒子全部流入贮存室后，按住活门，再将仪器正置于水平桌面上。

（2）打开并迅速按住活门，尽量使单个或少量粒子下落，可演示个别事件的偶然性。

（3）启开活门，大量粒子下落于狭槽中，从而显示大量偶然事件所服从的统计规律。

（4）将仪器放置在投影仪上，可放大观察。用彩笔在面板上将演示结果描绘出来，重复以上三项操作，可演示涨落现象。

原理解析

单个随机事件的结果是无法预测的，如分子运动的速度和方向就是随机事件。描述随机事件只能用概率统计的方法，考察大量随机事件的统计规律性。伽尔顿板演示了大量粒子随机运动的统计规律和涨落现象。单个小球落入哪个槽中是随机的，大量小球的分布却呈现出规律性。某一槽中小球的数量反映了小球落入其中的概率；与分子运动速率作类比，对应于处在某速率区间的分子数。重复实验时，特定槽中每次落入的小球数量大致相同，但又有些许偏差，这就是统计涨落现象。小球从漏斗口落下，在到达底部前，与钉子发生碰撞。对于单个的小球，落到底部的哪一条狭槽完全是随机的，不确定的，但如果不断地从漏斗口放入小球，当小球数量较多时，在板的底部各狭槽内都有一定的小球，且中间狭槽的小球最多，两边狭槽的小球较少。也就是说，对于少量的小球，从漏斗口落下，到达哪一条狭槽完全是随机的，但对于大量的小球，在各狭槽的分布满足一定的统计规律。

对于气体分子而言，单个分子的运动是随机的，但大量气体分子热运动的集体表现却服从统计规律。

实验十八　麦克斯韦速率分布
(Maxwell Speed Distribution)

仪器介绍

翻转式麦克斯韦[①]速率分布演示仪,如图 18-1 所示。

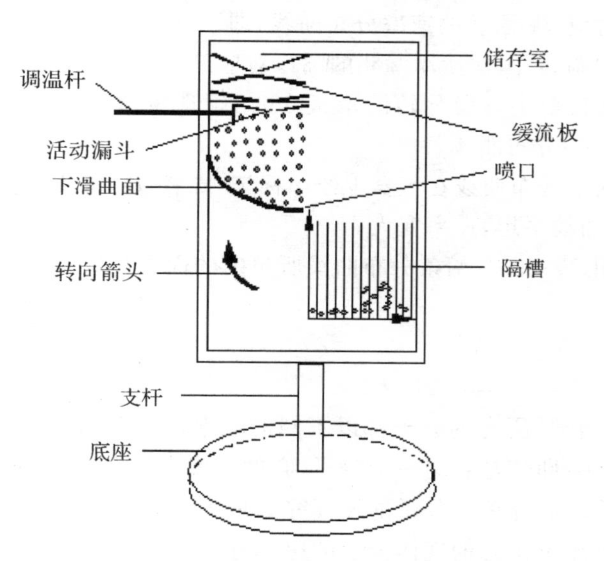

图 18-1　麦克斯韦速率分布演示仪

操作与现象

(1)将仪器竖直放置在桌面或地面上,推动调温杆使活动漏斗的漏口对

① 詹姆斯·克拉克·麦克斯韦(James Clerk Maxwell,1831-1879):英国物理学家、数学家。1864 年,麦克斯韦提出电磁场的基本方程组,把电、磁、光统一起来,更是预言了电磁波的存在,实现了人类历史上第三次大综合。麦克斯韦在 1873 年出版的《论电和磁》,被尊为继牛顿的《自然哲学的数学原理》之后的一部最重要的物理学经典。在热力学与统计物理学方面麦克斯韦也作出了重要贡献,他是分子运动理论的创始人之一。麦克斯韦的另一项重要工作是筹建了剑桥大学的第一个物理实验室——著名的卡文迪许实验室,并担任了第一任实验室主任。该实验室对整个实验物理学的发展产生了极其重要的影响,被誉为“诺贝尔物理学奖获得者的摇篮”。

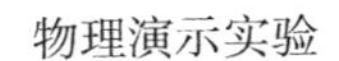

正温度 T_1 的位置。

(2)仪器底座不动,按着转向箭头的方向转动整个边框一周,当听到“喀”的一声时恰好为竖直位置。

(3)钢珠集中在贮存室里,由下方小口漏下,经缓流板慢慢地流到活动漏斗中,再由漏斗口漏下,形成不对称分布地落在下滑曲面上。从喷口水平喷出,位于高处的钢珠滑下后水平速率大,低处的滑下后水平速率小,而速率大的会落在远处的隔槽,速率小的则落在近处的隔槽,当钢珠全部落下后,便形成对应 T_1 温度的速率分布曲线,即 $f(v)-v$ 曲线。

(4)拉动调温杆,使活动漏斗的漏口对应 T_2(高温)的位置。

(5)再次按箭头方向翻转演示板 360°,钢珠重新落下,当全部落完时,形成对应 T_2 的分布曲线。

(6)将两次分布曲线在仪器上绘出标记,比较 T_1 和 T_2 的分布,可以看到温度高时曲线平坦,速率变大。

(7)利用 T_1 和 T_2 两条分布曲线所包围的面积相等可以说明速率分布概率归一化。

原理解析

在气体内部,所有的分子都以不同的速率运动着,有的分子速率大,有的分子速率小;即使是对同一个分子,它的速度在频繁的碰撞下也是不断在变化的。所以,研究单个分子的速度究竟是多少是没有意义的。但是,麦克斯韦认为,处于平衡态的气体分子的速率有一个确定的分布,未达到平衡的气体,它的分子速率偏离这个分布,1859 年麦克斯韦用概率论的方法得到了平衡态气体分子速率分布律。

麦克斯韦分子速率分布函数如式(18-1)。

$$f(v)=4\pi\left(\frac{m}{2\pi kT}\right)^{3/2}e^{-\frac{mv^2}{2kT}}v^2 \tag{18-1}$$

式(18-1)中,T 表示温度,m 是分子质量,k 是玻耳兹曼常数。分布函数 $f(v)$ 的归一化条件式是:$\int_0^\infty f(v)\mathrm{d}v=1$ 。

知识拓展

1859 年,麦克斯韦首次用统计规律得出麦克斯韦速度分布律。在分子束方法发展之前,对速度分布律是无法进行直接的实验验证的。1920 年,

斯特恩[①]发展了分子束方法，第一次得到了速度分布律的证据，可惜实验结果比较粗略，只能从接收板上的沉积图形展宽看出银原子速度有一定分布。直到1955年，才由美国哥伦比亚大学的密勒(R. C. Miller)和库什[②]对速度分布律作出了更精确的实验验证。

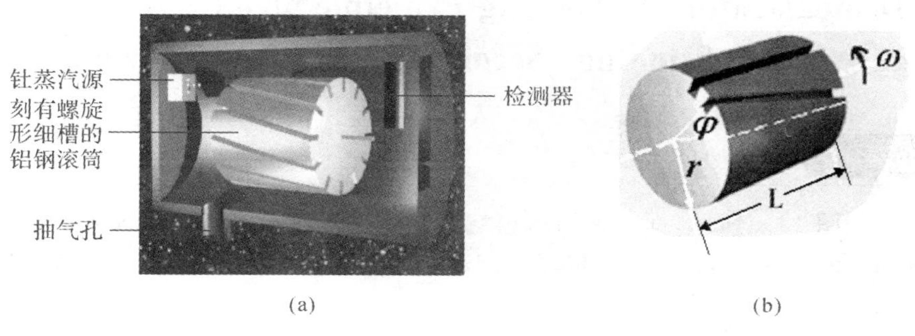

(a) (b)

图18-2 密勒-库什实验装置图

如图18-2所示，即为密勒-库什实验装置图，由a图可知，通过抽气孔可使系统保持真空，因为原子束实验对真空的要求较高，通过蒸汽源容器上的狭缝可获得分子射线，用铝钢材料制成的圆柱体滚筒上，均匀地刻制了一些螺旋形细槽，高度真空的检测器用来接收分子射线并测定其强度；由b图可知，滚筒长度为L，半径为r，转速为ω，滚筒上螺旋形的细槽的入口狭缝与出口狭缝间的夹角为φ。当滚筒以角速度ω转动时，由于不同速率的分子通过细槽所需的时间不同，只有速率满足18-2式的分子才能通过细槽到达检测器。

$$v=\frac{\omega}{\varphi}L \tag{18-2}$$

由此可知，滚筒实际上是一个速率选择器。

密勒-库什实验所得数据与麦克斯韦速度分布的理论曲线符合得极好。

---

① 奥托·斯特恩(Otto Stern，1888—1969)：德国物理学家。因为在发展分子束方法上所作的贡献和发现了质子的磁场矩而获得1943年的诺贝尔物理学奖。1922年，他与盖拉赫(W. Gerlach)合作，使银原子束穿过非均匀磁场，观测到分立的磁矩，从而证明了空间量子化的真实性。

② 库什(Polykarp Kusch，1911—1993)：美国物理学家。因为对电子磁矩所作的精密测定，与美国斯坦福大学的兰姆(Willis Eugene Lamb，1913—)分享了1955年的诺贝尔物理学奖。

实验十九　家用冰箱空调工作原理演示仪

——热力学第二定律演示

（Demonstrator of Working Principle about Refrigerator and Air Conditioning：Second Law of Thermodynamics）

仪器介绍

如图 19-1 所示，即为家用冰箱空调工作原理演示仪。演示仪由空调系统和冰箱系统两部分构成（仪器右侧演示的是冰箱的工作原理，左侧则为空调的）。

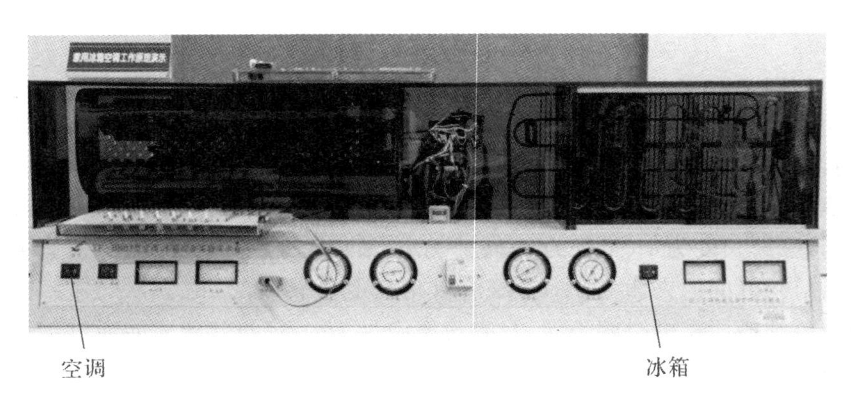

图 19-1　冰箱空调工作原理演示仪

操作与现象

实验开始，接通电源，打开电源开关，全封闭压缩机工作，可以听见压缩机工作时发出的响声，大约经过 10 分钟，观察演示仪背面，可以看见蒸发器表面结霜。

原理解析

热力学第二定律的克劳修斯[1]表述指出，热量能够自动地从高温物体向低温物体传递，但不会自发地从低温物体向高温物体传递，只有在外界帮助下才能进行。

我们平常所说的高温、低温是人们约定的，而热力学第二定律所说的高温热源或低温热源是以热力学温标为标准来定义的。而热力学温标又是建立于卡诺[2]定理基础上。实验时压缩机工作，活塞上下推动使卡诺管内工作物质（理想气体）循环流动，于是在高温热源处内部压力增加，温度升高，高温热源对外放热，内部工作物质经节压阀流向低温热源。而低温热源内部压力低，于是从外界吸收热量，最后工作物质又流向压缩机，经压缩机开始新的循环。整个工作过程就是一个卡诺循环过程，主要是由于压缩机作功使内部工作物质的物态发生变化来完成的，从而能很好地说明热力学第二定律的内容。

1. 冰箱制冷原理

冰箱就是利用了液体汽化吸热来制冷的。冰箱由电动机提供机械能，通过压缩机对制冷系统作功，制冷系统利用低沸点的制冷剂在蒸发时会吸收汽化热的原理制成的。

冰箱的排气管内，装有一种称为氟里昂，俗称雪种的制冷剂，这是一种无色无臭无毒的气体，沸点为 29℃。氟里昂在气体状态时，被压缩机加压，成为高压气体，经排气管流到电冰箱背部的冷凝器，借散热片散热（物质被

---

① 鲁道夫·朱利叶·斯埃曼努埃尔·克劳修斯(Rudolf Julius Emanuel Clausius，1822－1888)：德国物理学家和数学家，热力学的主要奠基人之一。1850 年，他提出热力学第二定律的克劳修斯陈述；1855 年，他引进了熵的概念。晚年的克劳修斯不恰当地把热力学第二定律引用到整个宇宙，认为整个宇宙的温度必将达到均衡而不再有热量的传递，从而成为所谓的热寂状态，这就是克劳修斯首先提出来的“热寂说”。

② 萨迪·卡诺(Sadi Carnot，1796—1832)：法国物理学家。处于蒸汽机迅速发展、广泛应用时代的卡诺，并不像许多人那样着眼于局部的、机械的细节改良，而是独辟蹊径，从理论的高度对热机的工作原理进行研究，以期得到普遍性的规律。1824 年他发表了名著《谈火的动力和能发动这种动力的机器》，提出了“卡诺热机”、“卡诺循环”和“卡诺原理”。卡诺性格孤僻，加之父亲的原因，使得他回避社会而远离了他应当加入的社会或科学团体，成为了一位不依附任何名门的“游离分子”。孤独地生活、勤奋地工作，又摧毁了他的身心，致使他过早离世。他的成就直到他离世十年之后才被人们所知晓。

压缩后,温度就会升高)后,冷凝而成液体。液体的氟里昂进入蒸发器的活门之后,由于脱离了压缩器的压力,就立即化为蒸汽,成为低压气体,同时向冰箱内的空气和食物等吸取汽化潜热,导致冰箱内部冷却。汽化后的氟里昂经回气管回到压缩机,随后又被压缩机压回箱外的冷凝器散热,再变为液体,如此循环不息,把冰箱内的热能泵到冰箱外。整个过程如图 19-2 所示。

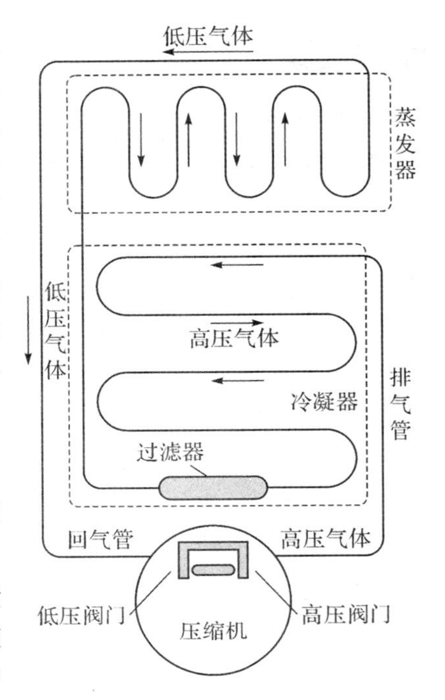

图 19-2　冰箱制冷系统循环原理

2. 家用空调制冷系统原理

基本原理与上述冰箱制冷原理相同,整个过程如图 19-3 所示。

制冷时制冷剂在冷凝器中释放热量冷却,热量被空气吸收,并由风机排出室外,如图 19-3 中的室外机组;在蒸发器中制冷剂吸收空气热量,冷空气被风扇吹入室内,如图 19-3 中的室内机组。制热时由电磁换向阀迫使制冷机流动方向发生变化,蒸发器变成冷凝器,制冷器在冷凝器中放出热量,由风扇吹入室内达到采暖目的。

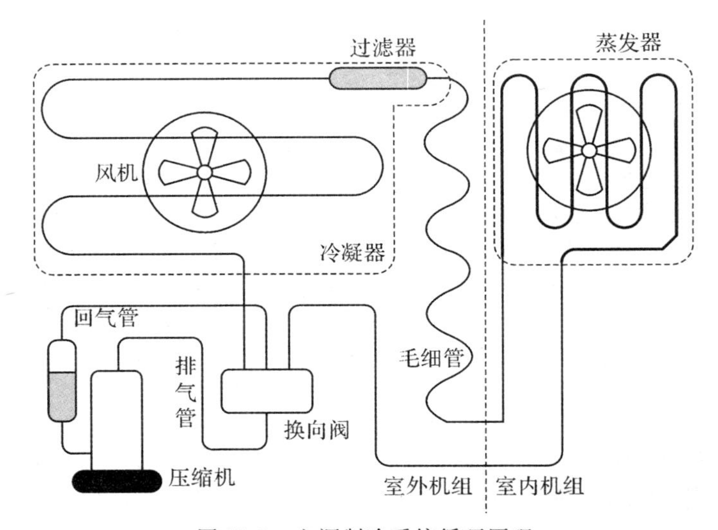

图 19-3　空调制冷系统循环原理

实验二十　热电转换——温差电效应

(Thermoelectric Conversion: Thermoelectric Effect)

仪器介绍

热电转换仪如图 20-1 所示，两个玻璃烧杯，温度计（两个），直流稳压电源。

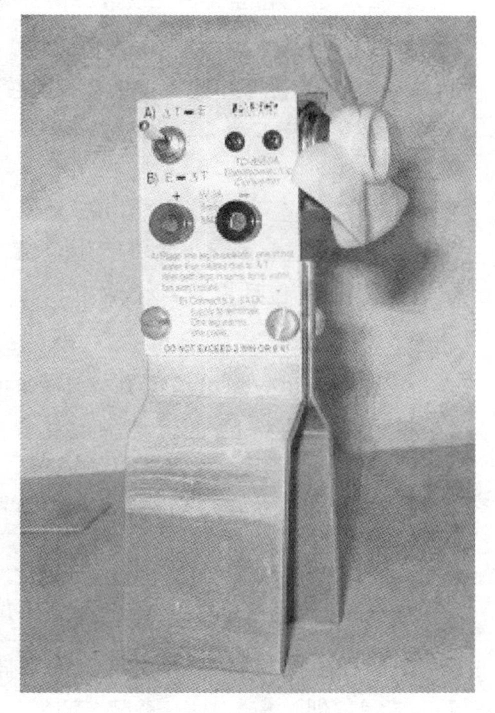

图 20-1　热电转换演示仪

操作与现象

1. 塞伯克[①]效应

(1)将热电转换仪开关掷到“up”的位置。

(2)将转换仪的一边金属支架放到热水中，将另一条金属支架放到冷水中，温度计分别放入其中。

(3)过一段时间，热水中的能量就被转换成功，可以看到风扇转动起来。

(4)将热水和冷水倒入到一个更大的容器中，并将两支架都放入其中，这时风扇就不再转动了。

(5)更进一步，将一支架放到混合液中，而另一支架放入到冷水中，观察现象。

2. 帕尔贴[②]效应

(1)将稳压直流电源连接到热电转换仪上。

---

① 塞伯克(Seebeck Thomas Johann，1770—1831)：德国物理学家。1821 年，塞伯克实现了热向电的转化——温差电：他将铜导线和铋导线连成一闭合回路，用手握住一个结点使两结点间产生温差，发现导线上出现电流，冷却一个结点亦可出现电流。

② 帕尔贴(Jean Charles Peltier)：法国的表匠，业余研究物理学。1834 年，他发现了塞贝克效应的逆效应。

(2)将转换仪开关掷到“down”的位置,打开电源开关。

(3)等上一段时间,就可以感觉到两边金属支架的温度有差别了(注意:在这个实验中,没有必要将转换仪支架放入水中)。

(4)为了能观察得更细致,可以让转换仪从室温开始工作,经过一段时间后,用温度计分别测量两边支架的温度,以便具体地观察出温度的差异。

3. 在演示完帕尔贴效应后,关闭电源

将转换仪开关掷到“up”的位置,等一段时间,转换仪两边支架温度不同,其间的温差将产生电流,电风扇旋转起来。

原理解析

温差电效应又称为热电效应,是当受热物体中的电子,因随着温度梯度由高温区往低温区移动时,所产生电流或电荷堆积的一种现象。在无外磁场的作用下,它包括以下几个效应:

1. 塞伯克效应

有两种不同导体组成的开路中,如果导体的两个结点存在温度差,这开路中将产生电动势 E,这就是塞伯克效应。由于塞伯克效应而产生的电动势称作温差电动势。

材料的塞伯克效应的大小,用温差电动势率 a 表示。材料相对于某参考材料的温差电动势率为:

$$a=\frac{\mathrm{d}E}{\mathrm{d}T}\quad 单位(\mathrm{V/K})$$

由两种不同材料 P、N 所组成的电偶,它们的温差电动势率 a_{PN} 等于 a_P 与 a_N 之差,即

$$a_{PN}=\frac{\mathrm{d}E_{PN}}{\mathrm{d}T}=a_P-a_N\quad 单位(\mathrm{V/K})$$

热电制冷中用 P 型半导体和 N 型半导体组成电偶。两材料对应的 a_P 与 a_N,一个为负,一个为正,取其绝对值相加,并将 a_{PN} 直接简化记作 a,有

$$a=|a_P|+|a_N|$$

2. 帕尔贴效应

电流流过两种不同导体的界面时,将从外界吸收热量,或向外界放出热量。这就是帕尔贴效应。由帕尔贴效应产生的热流量称作帕尔贴热,用符号 Q_P 表示。

对帕尔贴效应的物理解释是:电荷载体在导体中运动形成电流。由于

电荷载体在不同的材料中处于不同的能级，当它从高能级向低能级运动时，便释放出多余的能量；相反，从低能级向高能级运动时，从外界吸收能量。这样一来，能量就在两种不同材料的交界面处以热的形式吸收或放出。材料的帕尔贴效应强弱用它相对于某参考材料的帕尔贴系数 π 表示：

$$\pi=\frac{\mathrm{d}Q_P}{\mathrm{d}I} \quad \text{单位：(W/A)}$$

式中 I 是流经导体的电流，单位 A。

类似的，对于 P 型半导体和 N 型半导体组成的电偶，其帕尔贴系数 π_{PN}（或简单记作 π）：

$$\pi_{PN}=\pi_P-\pi_N$$

帕尔贴效应与塞伯克效应都是温差电效应，两者有密切联系。事实上，它们互为反效应，一个是说电偶中有温差存在时会产生电动势；一个是说电偶中有电流通过时会产生温差。温差电动势率 a 与帕尔贴系数之间存在下述关系

$$\pi_{PN}=aT$$

式中 T 为结点处的温度，单位 K。

3. *汤姆逊*[①]*效应*

电流通过具有温度梯度的均匀导体时，导体将吸收或放出热量。这就是汤姆逊效应。由汤姆逊效应产生的热流量，称汤姆逊热，用符号 Q_N 表示

$$Q_N=-\tau\cdot I\cdot\Delta T \quad \text{单位(W)}$$

式中 τ 为汤姆逊系数，单位W/(A·K)；ΔT 为温度差，单位 K；I 为电流，单位 A。

在热电制冷分析中，通常忽略汤姆逊效应的影响。另外，需指出：以上热电效应在电流反向时是可逆的。由于固体系统存在有限温差和热流，所以热电制冷是不可逆热力学过程。

知识拓展

简述热电效应的发现历史

1821 年，德国物理学家塞贝克发现，在两种不同的金属所组成的闭合

① 威廉·汤姆逊(Willian Thomson,1824—1907)：英国物理学家。因为他在科学上的成就和对大西洋电缆工程的贡献，获英女皇授予“开尔文勋爵”头衔，所以后世才改称他为开尔文。汤姆逊是热力学的开创者之一，他对热力学第一定律及热力学第二定律的建立都作出过重大的贡献。他利用卡诺循环建立绝对温标。为了纪念他的贡献，绝对温度的单位就以“开尔文”来命名。

回路中，当两接触处的温度不同时，回路中会产生一个电势，此所谓“塞贝克效应”。

1834年，法国物理学家帕尔贴在铜丝的两头各接一根铋丝，再将两根铋丝分别接到直流电源的正负极上，通电后，发现一个接头变热，另一个接头变冷。这说明两种不同材料组成的电回路在有直流电通过时，两个接头处分别发生了吸放热现象。就这样，法国实验科学家帕尔贴发现了塞贝克的反效应：两种不同的金属构成闭合回路，当回路中存在直流电流时，两个接头之间将产生温差，此所谓帕尔贴效应。

1837年，俄国物理学家愣次又发现，电流的方向决定了吸收还是产生热量，发热（制冷）量的多少与电流的大小成正比。

1856年，威廉·汤姆逊利用他所创立的热力学原理对塞贝克效应和帕尔贴效应进行了全面分析，并将本来互不相干的塞贝克系数和帕尔贴系数之间建立了联系。汤姆逊认为，在绝对零度时，帕尔贴系数与塞贝克系数之间存在简单的倍数关系。在此基础上，他又从理论上预言了一种新的温差电效应，即当电流在温度不均匀的导体中流过时，导体除了产生不可逆的焦耳热之外，还要吸收或放出一定的热量（称为汤姆逊热）。或者反过来，当一根金属棒的两端温度不同时，金属棒两端会形成电势差。这一现象后称为汤姆逊效应，成为继塞贝克效应和帕尔贴效应之后的第三个热电效应。

帕尔贴效应发现100多年来并未获得实际应用，因为金属半导体的帕尔贴效应很弱。直到上世纪90年代，苏联科学家约飞[①]的研究表明，以碲化铋为基的化合物是最好的热电半导体材料，从而出现了实用的半导体电子制冷元件——热电制冷器。塞贝克效应发现之后，人们就为它找到了应用场所。利用塞贝克效应，可制成温差电偶（thermocouple，即热电偶）来测量温度。只要选用适当的金属作热电偶材料，就可轻易测量到从－180℃到＋2000℃的温度，如此宽泛的测量范围，令酒精或水银温度计望尘莫及。现在，通过采用铂和铂合金制作的热电偶温度计，甚至可以测量高达＋2800℃的温度。

---

① 约飞（Abram Fetorovich Joffe，1880—1960）：俄国物理学家。1902年约飞大学毕业之后去德国留学，师从伦琴。1905年回国，在十月革命后，约飞建议并参与在苏联各地的16所物理研究机构和上百个工厂实验室筹建，培养了很多人才。约飞最重要的工作是建立了约飞学派，该学派的一个重要特征是把物理和技术联系起来，对苏联物理学的发展贡献卓著。

实验二十一　沸腾球(Boiling Ball)

仪器介绍

如图 21-1 所示即为沸腾球，实则为两个玻璃圆球，中间通以一根玻璃圆柱，球内灌有一定数量的乙醚液体。

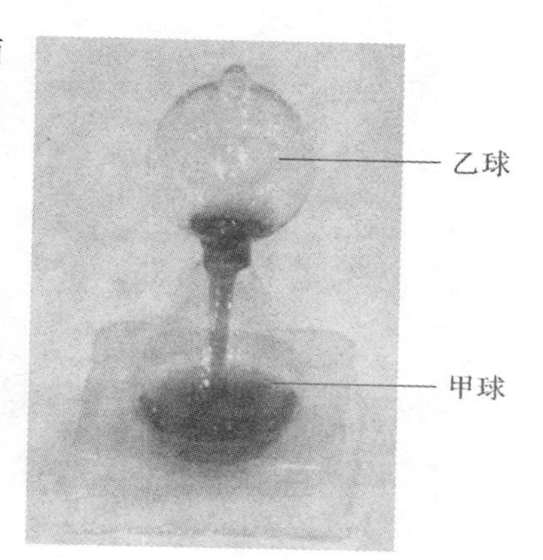

图 21-1　沸腾球

操作与现象

把一个圆球握在手里加热的时候，沸腾了的酒精在蒸汽压力的作用下就被挤到另一个圆球里去，形成精彩的“喷泉”和“沸腾”效果。

原理解析

关于沸腾球的原理，往往有这么一种不正确的解释：手握的那个球内的空气受热膨胀而把其中的乙醚液体压入另一个球内。事实上，玻璃球内的空气在制造时已被抽去，因而两个玻璃球内液面上方的空间中仅充满了乙醚的饱和气体而不是空气。假如制作时不抽去球内的空气，那么甲球中的乙醚液体就不会因其上方空气受热而全部压入乙球中。纵然甲球中的空气受热后会有所膨胀，但这种膨胀将迅速导致乙球中的空气被压缩而压强增大，从而使甲球中空气的膨胀立即被乙球中空气的这种反弹所顶住。但事实上由于两球内的空气都已被抽去，只剩乙醚的饱和汽，而饱和汽的压强仅仅与温度有关而与体积无关(即毫无弹性)，故因受压而流向乙球的乙醚液体就可以“长驱直入”，形成精彩的“喷泉”和“沸腾”效果。

如果用手握住沸腾球，并使连接两圆球的管子在下面，那么在被加热的圆球里的乙醚蒸汽的压强将会增大，液体就会转移到另一个圆球里去，而且就在此球内出现了酒精的喷泉。在第二个圆球内的压强是不会增加的，这是因为当体积减小，有一部分饱和蒸汽转变为液体了。由于圆球被握在手中加热，使它里面的蒸汽变成不饱和的，于是在这个圆球里乙醚进一步地进行蒸发，新形成的蒸汽的温度较酒精的温度高，于是沿着管子由液体内部冲出，这就造成了似同沸腾般的错觉。当两个小球内的蒸汽温度还没有相等

的时候，这个现象是一直进行着的。

由此可见，用沸腾球来演示饱和汽压与体积无关而仅与温度有关这一性质，效果既生动而直观，操作又简便，且无水银污染。这些就是沸腾球演示的魅力之所在，尽管其说服力不如采用水银柱的标准演示那么严谨。

实验二十二　饮水鸟(Drinking Bird)

仪器介绍

饮水鸟的一头和躯体分别为两个薄壁玻璃球，中间用一根玻璃管相连通，内部装有乙醚，整个结构是一个密闭容器。容器中的空气已被抽出，乙醚液体上方的两个气室内充满了乙醚饱和蒸汽，鸟的头部四周包有一层易吸水的布，鸟嘴是一根锥形金属管，内部有纱线与鸟头的布相连。

图 22-1　饮水鸟

操作与现象

不用发条，不用电池，你只需把它的头轻轻地按进水里，小鸟就开始不停地低头喝水、抬头，再低头喝水，再抬头……不停地饮水。

原理解析

如图 22-2 结构图所示，“饮水鸟”内的液体是乙醚一类易挥发的液体，在高温里很容易蒸发，而汽室 1 中液体的饱和蒸汽所产生的压力又会随温度的改变而剧烈地改变。先是鸟的头部受冷，气压下降，尾泡内的液体因为吸力沿颈部上升至头泡。这样头的重量在增加，尾部的重量在减轻，重心位置发生变化，当重心超过脚架支点而移向头部时，鸟就俯下身到平衡位置。

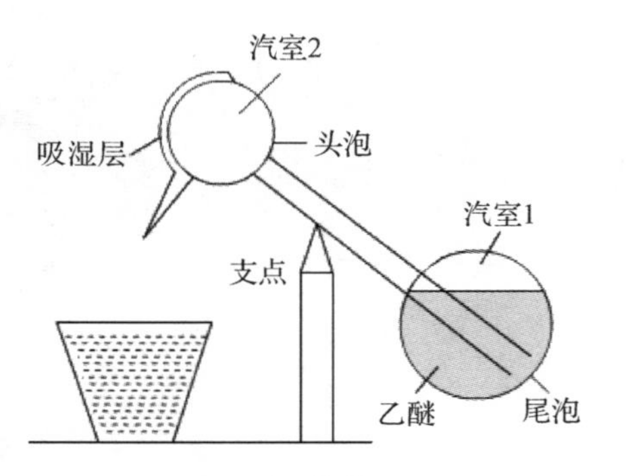

图 22-2　结构图

这个位置可以通过鸟嘴的重量来调试。头部降低，内部发生两个变化。一是“饮水鸟”的嘴浸到了水，这样鸟头被打湿。二是上下的蒸汽区域连通，两部分气体混合，没有了气压差，但由于吸收了周围空气的热量，蒸汽的温度略有上升。这时上升到头部的液体，在本身的重量作用下流向下端尾部。尾部变重，头部向上翘，液体全部集中到尾部，同时，头部的蒸汽因为刚粘到的水又开始冷却，这样周而复始地不停地饮水。

很显然,“饮水鸟”头部在不断地蒸发所吸收的周围空气的热量,就是这奇妙的“饮水鸟”能够活动的原动力。正是因为它使用的是周围察觉不到的能源,所以经常会被人误认为是永动机。

知识拓展

简易饮水鸟的制作如图 22-3 所示:用塑料汤匙做鸟的身体,用铁丝做支架,其水平部分穿过匙身成为汤匙的转轴,在汤匙的匙柄中放一条吸水性好的纱布。调节鸟身的重心,使纱布未浸水时,汤匙的勺部大约呈现水平状态。把水杯放在鸟的头下,按下鸟头,让鸟喙部分的纱布浸入水中,稍等片刻就会看到鸟突然抬起头来,接着又低下头去,过一会儿又抬起头来,如此反复不间断。

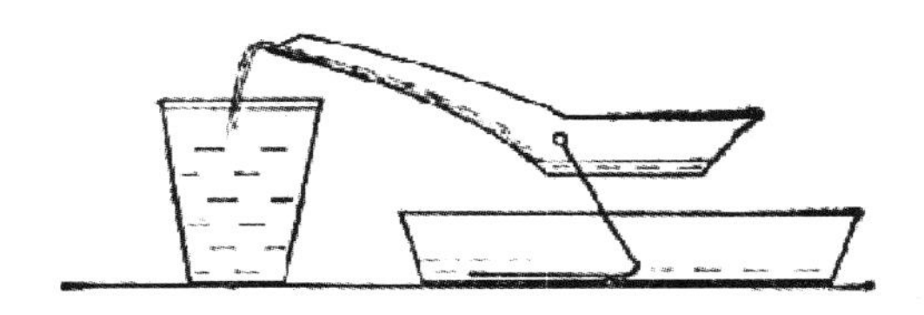

图 22-3　自制饮水鸟

实验二十三　孔明灯(Kongming Lanterns)

仪器介绍

孔明灯的结构可分为灯罩与支架两个部分，如图 23-1 所示，灯罩用纸糊成，支架用竹削成细竹条做成。一般的孔明灯是用支架围成圆形，外面以纸密密包围而开口朝下。孔明灯可大可小，圆形或长方形均可。

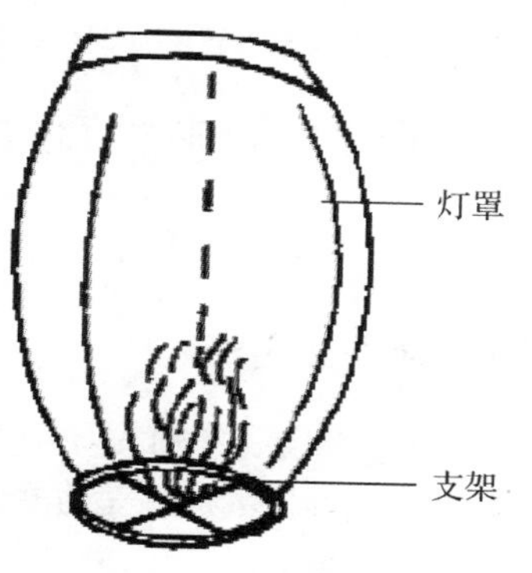

图 23-1　孔明灯结构

操作与现象

孔明灯升空时受到场地与天气的影响较大。风大时，易将灯体吹斜而使灯体烧毁，下雨时，易将灯体淋湿而无法放飞，故最好在无风的时候施放。

(1)一人两手分别捏住灯罩顶部两角，使之开口朝下。

(2)在棉花上倒上适量酒精。

(3)点燃酒精，将进气口尽量压低，以减少热气流失，但亦不可过低，以免氧气不足而熄火。

(4)加热直至灯体内之热气温度足够后，灯体亦膨胀起来，慢慢松开手，孔明灯便会腾空而起。待底部的燃料烧完之后孔明灯便会自动降落。

原理解析

孔明灯的原理与热气球的原理相同，皆是利用热空气之浮力使球体升空。为何热空气会飘浮呢？我们可用阿基米德①原理来解释它：当物体与空气同体积，而重量(密度)比空气小时就可飞起，这与水的浮力的道理是相同的。将球内的空气加热，球内的一部分空气会因空气受热膨胀而从球体流出，使内部空气密度比外部空气小，因此充满热空气的球体就会飞起来。

---

①　阿基米德(Archimedes，约公元前 287—前 212)：古希腊哲学家、数学家、物理学家。他在物理学方面的贡献主要集中在力学。他在研究杠杆原理的时候曾讲过一句名言：“给我一个支点，我可以撬动地球！”为世人所津津乐道的事就是他在洗澡的时候发现了浮力定律。

设孔明灯自重(包括燃料)为 G_0,灯体内的空气体积为 V,重量为 G,周围空气的密度为 ρ_0,灯内热空气的密度为 ρ,当灯受到的浮力满足:$F>G_0+G$ 时,灯便会升空。显然,孔明灯的自重 G_0 应满足以下条件:

$$G_0<F-G=(\rho_0-\rho)Vg$$

即灯的质量 m 必须满足:

$$m<(\rho_0-\rho)V \tag{23-1}$$

由理想气体状态方程 $pV=\frac{M}{\mu}RT$ 和气体密度 $\rho=\frac{M}{V}$,可得

$$\rho=\frac{p\mu}{RT} \tag{23-2}$$

将(23-2)式代入(23-1)式,得 $m<\left(\frac{p_0}{T_0}-\frac{p}{T}\right)\frac{\mu V}{R}$ (23-3)

式中 T_0 和 p_0 分别为环境空气的温度和压强,T 和 p 分别为灯体内空气的温度和压强,μ 为空气的摩尔质量。

由 23-3 式可知,孔明灯要能升空,其质量不能超过一定值,这个值的大小由环境空气和灯内热空气的温度、压强以及孔明灯的容积等因素决定。通常孔明灯的质量越小,体积越大,起飞所需的热空气温度越低(稍加热即可),就越容易升空。

知识拓展

孔明灯又叫天灯,相传是由三国时的诸葛孔明所发明。当年,诸葛孔明被司马懿围困于平阳,无法派兵出城求救。孔明算准风向,制成会飘浮的纸灯笼,系上求救的讯息,其后果然脱险,于是后世就称这种灯笼为孔明灯。另一种说法则是这种灯笼的外形像诸葛孔明戴的帽子,因而得名。现代人放孔明灯多作为祈福之用。男女老少亲手写下祝福的心愿,祈求丰收成功,幸福年年。

第三章

电磁学演示实验

实验二十四　法拉第笼(Faraday Cage)

仪器介绍

法拉第笼是一个由金属或者良导体形成的笼子，是以电磁学的奠基人、英国物理学家迈克尔·法拉第①的姓氏命名的一种用于演示等电位、静电屏蔽和高压带电作业原理的设备，可以演示较大型的静电屏蔽，如图 24-1 所示。由笼体、高压电源、电压显示器和控制部分(如图 24-2)组成。其笼体与大地连通，高压电源通过限流电阻将 10 万伏直流高压输送给放电杆。

图 24-1　法拉第笼

操作与现象

表演时先请几位观众进入笼体后关闭笼门，操作员接通电源，用放电杆进行放电演示。当放电杆尖端距笼体约 10 厘

① 迈克尔·法拉第(Michael Faraday，1791—1867)：是英国物理学家、化学家，亦是著名的自学成才的科学家。在大约 1830 年以前，法拉第主要是一位化学家，1830 至 1839 年是法拉第成就最大的时期，主要的研究成果是电磁学领域。1831 年他发现了电磁感应现象，同年底用铁粉实验展示并提出了“磁力线”(现称磁感应线)概念。法拉第在经过 14 年的努力之后，于 1845 年才逐步形成和提出了“场”的概念。“场”的引入是物理学中极具想象力的创举。

米时，出现放电火花。此时即使笼内人员将手贴在笼壁上，用放电杆向手指放电，笼内人员不仅不会触电，而且还可以体验电子风的清凉感觉。围观的人感觉很震撼。

图 24-2　法拉第笼的电源及控制面板

原理解析

导体在静电场中处于静电平衡时，导体内部没有宏观电场，电荷只分布在导体的表面上，导体内部以及腔内的场强为零。这样，空腔内的系统将不会受腔外电场的影响，这就是静电屏蔽。

人体会触电受伤的原因是身体的不同部位存在大的电位差，强电流通过身体。而当人进入法拉第笼中后，此时手指虽然接近放电火花，但放电电流是通过手指前方的金属网传入大地，人体并没有电流通过，所以没有触电的感觉。根据接地导体静电平衡的条件，笼体是一个等位体，内部电位为零，电场为零，电荷分布在接近放电杆的外表面上。可见，外壳接地的法拉第笼可以有效地隔绝笼体内外的电场和电磁波干扰。

应用实例

高压带电作业操作员的防护服就是用金属丝制成，接触高压线时形成等电位，人体不通过电流，起到保护作用。许多仪器设备采用接地的金属外壳可有效地避免壳体内外电场的干扰。由于法拉第笼的电磁屏蔽原理，所以在汽车中的人是不会被雷击中的，而且在同轴电缆也可以不受干扰的传播讯号。同样，也是因为法拉第笼的原理，如果电梯内没有中继器的话，那么当电梯关上的时候里面任何电子讯号也收不到。

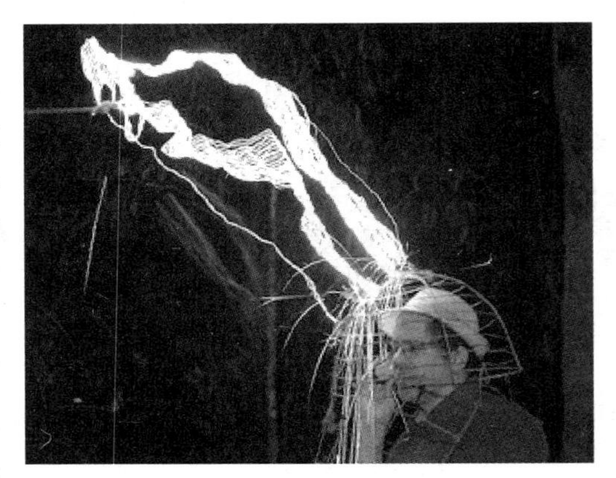

图 24-3　法拉第笼的应用

实验二十五　怒发冲冠

(Demonstration of Repulsion of Like Static Charges and Point Discharge)

仪器介绍

如图 25-1 所示，怒发冲冠演示仪由高压静电发生器、高压静电球和绝缘台组成。

操作与现象

参与者站到绝缘台上，并将手搭在高压静电球上。演示员按下电源开关，即可看到站在绝缘台上的参与者，在静电斥力的作用下头发竖起来，显出“怒发冲冠”的情景，如图 25-2 所示。

注意事项：开启电源后，其他人员切不可接触参与者。

图 25-1　怒发冲冠演示仪

图 25-2　怒发冲冠效果

原理解析

静电具有沿尖端放电和同性相斥的特性。人体加高压后，人体的头发相当于许多尖端，聚集的电荷也最多，又因为同种电荷互相排斥，因此头发

就散开并竖起。同时参与者站在绝缘台上，始终处于等电位状态，所以不会发生触电伤害。

知识拓展

“怒发冲冠”这则成语的“冠”是帽子的意思，指愤怒得头发直竖，顶起帽子。比喻极度愤怒。这个成语来源于《史记·廉颇蔺相如列传》：“王授璧，相如因持璧却立，倚柱，怒发上冲冠……”

由于这个实验用来演示静电的沿尖端放电和同性相斥的特性效果特别明显和震撼，但是仪器庞大不宜搬运，因而建议拍摄视频用于课堂的演示实验，增加趣味性。

实验二十六　静电摆球(Electrostatic Ball Pendulum)

仪器介绍

如图 26-1 所示即为静电摆球演示仪:两金属极板分别固定于绝缘支架上,面面相对平行放置,工作时分别接于高压直流电源的正负极;小球用悬线挂在两金属板之间,可在两极间来回摆动。

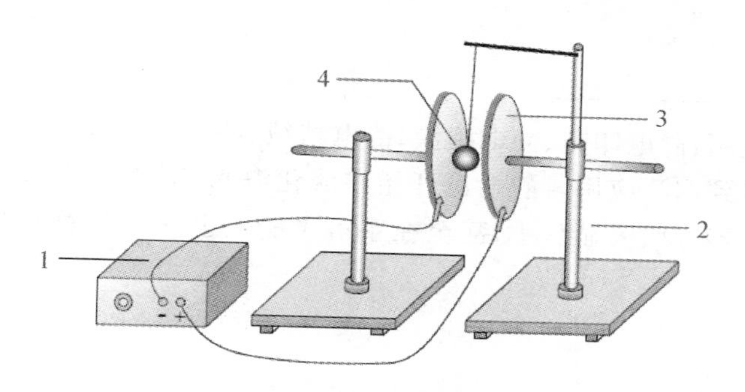

图 26-1　静电摆球

1. 高压直流电源　2. 绝缘支架　3. 极板　4. 金属小球

操作与现象　原理解析

静电具有沿尖端放电和同性相斥的特性,利用静电的这些特性可以制作有趣的静电摆球装置。

将两极板分别与高压直流电源的输出端相接,金属小球(表面镀铝的乒乓球)用线悬挂在两极板间。调节细的有机玻璃棒,使球略偏向一极板。摇动起电机,使两极分别带正、负电荷。这时金属小球两边分别被感应出与临近极板异号的电荷。球上感应电荷又反过来使极板上电荷分布改变,从而使两极板间电场分布发生变化。球与极板相距较近的这一侧空间场强较强,因而球受力较大,而另一侧与极板距离较远,空间场强较弱,受力较小,这样球就摆向距球近的一极板。当球与这极板相接触时,与上面同样的道理使球又摆回来。不断摇动起电机,球就在两极板间往复摆动,并发出乒乓声(如图 26-2 所示)。起电机放电后,则导体小球会因惯性,在一段时间内作微小摆动,最后停止在平衡位置。

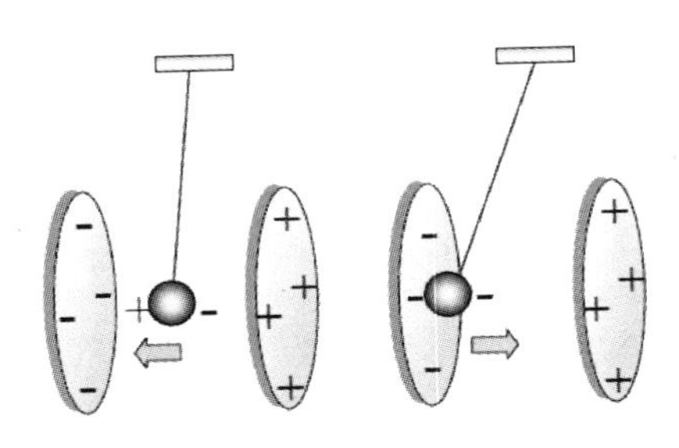

图 26-2 球在摆动过程中感应的电荷变化

应用实例

静电应用:静电印花、静电喷涂、静电植绒、静电除尘等，已在工业生产和生活中得到广泛应用。静电也开始在淡化海水,喷洒农药、人工降雨、低温冷冻等许多方面大显身手,甚至在宇宙飞船上也安装有静电加料器等静电装置。

实验二十七 静电植绒(Electrostatic Flocking)

仪器介绍

如图 27-1 所示静电植绒演示仪以及与其连接的高压直流电源，主要演示静电植绒的基本原理和模拟静电在生产中的应用。静电植绒仪为一个透明的有机玻璃盒，盒盖和盒底均为金属板，盒底的金属板上放置绒丝，盒盖的金属板向下的一面，贴放需要植绒的材料。

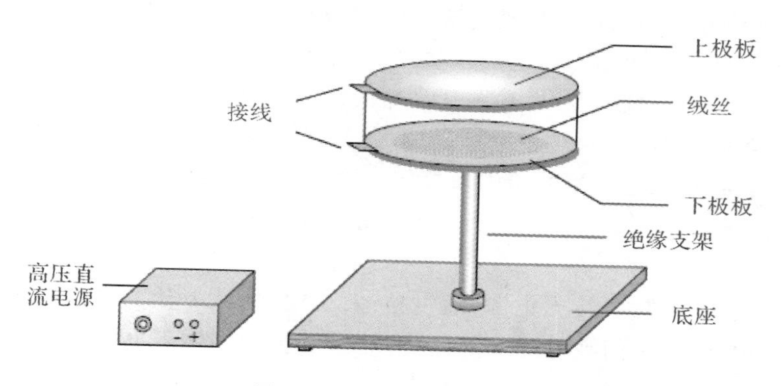

图 27-1 静电植绒演示仪

操作与现象

先将植绒用的绒丝均匀地放置于盒底的金属板上，并在金属盒盖向下的一面，用胶水涂上所需的植绒的图案。接着，将高压直流电源的正、负极分别接至充当盒盖和盒底的上、下两块金属板上。然后，接通电源，由低到高调节电压控制旋钮，位于盒底金属板上的绒丝会向上飞起，到达盒盖后，绒丝整齐地附着在盒盖上涂有胶水的地方，没有遇到胶水的绒丝仍会落回盒底，并且在上、下两块金属板之间不停地来回运动。

断开电源，取下连接盒底金属板的电源线接头，并与盒盖金属板相碰进行人工放电。观察盒盖，即可看到盒盖金属板上粘有绒丝的漂亮图案。

切忌粘绒毛的胶水不要涂得太多，避免滴落到下极板上。

原理解析

绒丝在上下两极板间所建立的电场中极化而垂直排列，绒丝并非百分

之百绝缘体，可带少量与下极板同号的电荷，在强电场的作用下绒丝竖直地飞向上极板，与上极板相碰，立即中和并带与上极板相同的电荷，在电场的作用下又迅速飞向下极板，这样绒丝在两极板间上下飞舞。若在上极板表面涂有一定图案或文字的黏结剂，两极板间加上直流高压后，绒丝就可整齐而竖直地附着在图案或文字处。

知识拓展

根据植绒产品的不同，选择适当的植绒方式 ，一般分为三种：

1. 植绒机流水线式植绒：该植绒流水线可实现从物品的上胶、植绒、烘干、浮绒清除等一次性全自动完成，如：植绒布、革、纸、无纺布、PVC 、吸塑片、海绵、各种工艺品、玩具、汽车塑料件、储物箱、汽车密封胶条、饰条、吸塑盒、卡纸、挂历、对联、年画、包装礼品盒的植绒印花。

2. 箱式植绒：按照被植绒产品的大小、形状做好植绒箱，将绒毛放置在箱中，接通电源，这样植绒箱内形成了一个高压电场，被植绒产品从植绒箱一端送入箱内，经 3～5s 的时间，植绒完毕后从箱体另一端移出，烘干或晾干即为成品。

3. 喷头式植绒：接上电源，通过植绒机产生的数万伏的高压静电，输出到喷头内，喷头中的绒毛带上负电荷，然后在被植物体表面喷涂上胶黏剂，移动喷头靠近被植绒物体，绒毛在高压电场的作用下从喷头中飞升到被植绒物体表面，呈垂直状植在涂有胶黏剂的物体表面上。

实验二十八 静电吹烛焰及富兰克林轮
(Static Electricity Blows Candle Flame and Franklin Wheel)

仪器介绍

如图 28-1 所示，在一根绝缘支架上安装有蜡烛台、尖端导体、富兰克林[①]轮（轮子可灵活地绕中心轴转动）。图 28-2 则是高压直流电源。

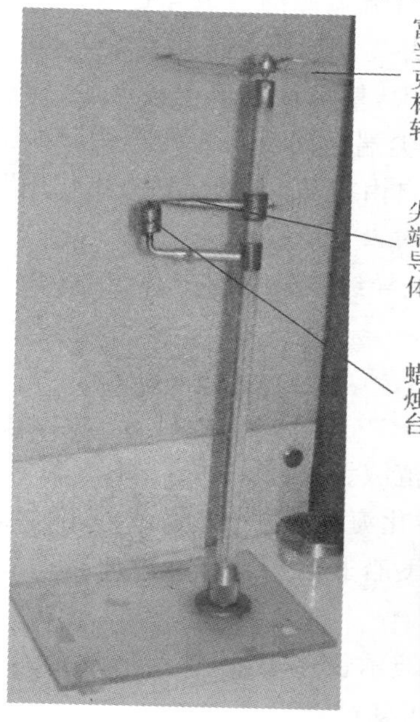

图 28-1 仪器装置

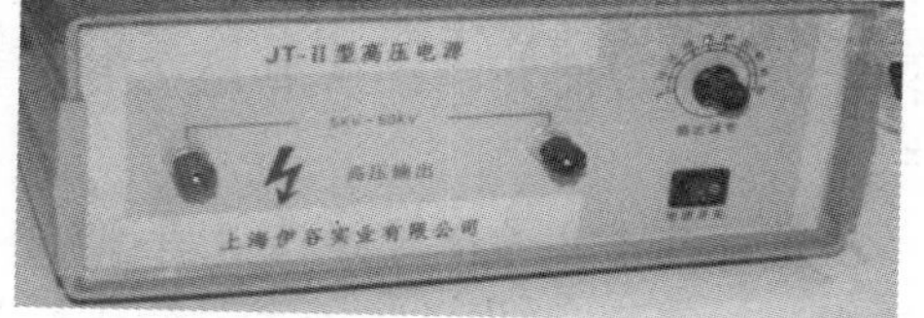

图 28-2 高压直流电源

操作与现象 原理解析

1. 静电吹烛焰

将尖端导体与高压直流电源的一极相连接，同时调整蜡烛的位置并点

① 本杰明·富兰克林(Benjamin Franklin，1706-1790)：美国科学家、物理学家、发明家、政治家、社会活动家。1752 年夏天，富兰克林与儿子在费城作了著名的“风筝实验”，通过风筝线将雷电引入莱顿瓶中。随后，富兰克林用雷电进行了各种电学实验，证明了天上的雷电与人工摩擦产生的电具有完全相同的性质。此外，最为人们津津乐道的就是富兰克林是美国《独立宣言》的起草人之一。

燃它，使烛焰的底部靠近导体的尖端。由于导体尖端处电荷密度最大，所以附近场强最强。在强电场的作用下，使尖端附近的空气中残存的离子发生加速运动，这些被加速的离子与空气分子相碰撞时，使空气分子电离，从而产生大量新的离子。与尖端上电荷异号的离子受到吸引而趋向尖端，最后与尖端上的电荷中和；与尖端上电荷同号的离子受到排斥而飞向远方形成“静电风”，把附近的蜡烛火焰吹向一边，甚至吹灭。

2. 富兰克林轮（静电风车）

将富兰克林轮中心轴的接线柱与高压直流电源的一极相连接，打开电源，调节输出电压，可观察到轮子开始转动并逐渐加快。富兰克轮转动的原因也是尖端放电。叶片的尖端附近场强很大，使空气局部电离产生大量离子，尖端所带的电荷与同号离子相排斥，使尖端受到反冲力的作用，对转轴形成力矩。由于富兰克林轮能够绕中心轴自由转动，当其受到力矩作用时，轮子便转动起来。

演示结束关闭高压电源，需记得用接地导线接触尖端导体进行人工放电之后，才能断开高压输出连线。

应用实例

静电应用：静电印花、静电喷涂、静电植绒、静电除尘等，已在工业生产和生活中得到广泛应用。静电也开始在淡化海水、喷洒农药、人工降雨、低温冷冻等许多方面大显身手，甚至在宇宙飞船上也安装有静电加料器等静电装置。

由于这两个实验的趣味性很强，而且演示仪器小巧，便于携带，建议用于课堂演示实验，激发学生的学习兴趣和求知欲。

实验二十九　静电风转筒
(Electrostatic Wind Rolls A Rotating Cylinder)

仪器介绍

如图 29-1 所示，两排金属放电针，以及静电风转筒。转筒为绕中心轴自由转动的绝缘塑料筒。

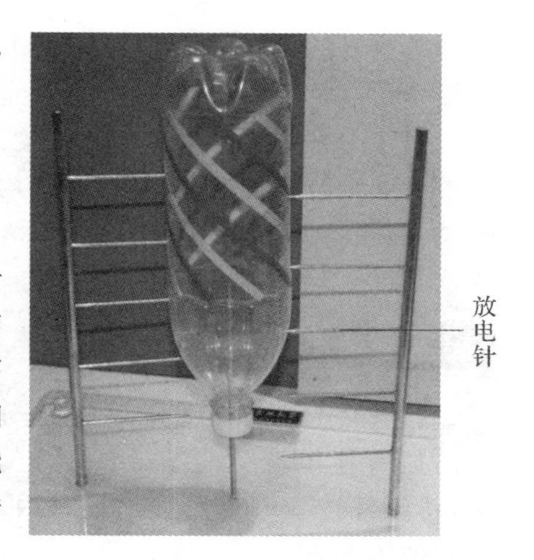

图 29-1　静电风转筒

操作与现象

调整放电针的摆放方向，使两排针尖分别与转筒的前后两个侧面相切；与放电针相连的两个金属支杆分别与高压直流电源（如图 28-2）的输出端相连，打开电源，逐渐调高输出电压，即能观察到转筒慢慢转动起来，并且越转越快。

演示结束后，调低高压输出，关闭电源，将电源连线的接头相碰进行人工放电之后，再断开连线。

原理解析

根据静电感应原理，导体尖端处密集大量电荷，放电针附近场强最强，引起周围空气分子的电离，产生大量离子。与尖端电荷极性相同的离子受排斥而飞离尖端，形成“静电风”。这些带电粒子流沿切线方向对转筒施加冲量。转筒在持续的同方向的冲量矩的作用下就会转动，由于转轴受到的空气阻力很小，所以能达到较高的转速。

应用实例

静电应用：静电印花、静电喷涂、静电植绒、静电除尘等，已在工业生产和生活中得到广泛应用。静电也开始在淡化海水、喷洒农药、人工降雨、低温冷冻等许多方面大显身手，甚至在宇宙飞船上也安装有静电加料器等静电装置。

由于这个实验的趣味性很强，演示仪器小巧便于携带，建议用于课堂演示实验，激发学生的求知欲。

实验三十　静电除尘(Electrostatic Precipitator)

仪器介绍

如图 30-1 所示，静电除尘器类似于圆柱形电容器。在透明有机玻璃桶上绕有导线作为一个电极，桶的轴线处固定一根细导线作为另一个电极。桶的两端开口、下端与除尘器底座内部连通，底座内有一抽屉，抽屉内放置蚊香等能产生烟雾的可燃物。

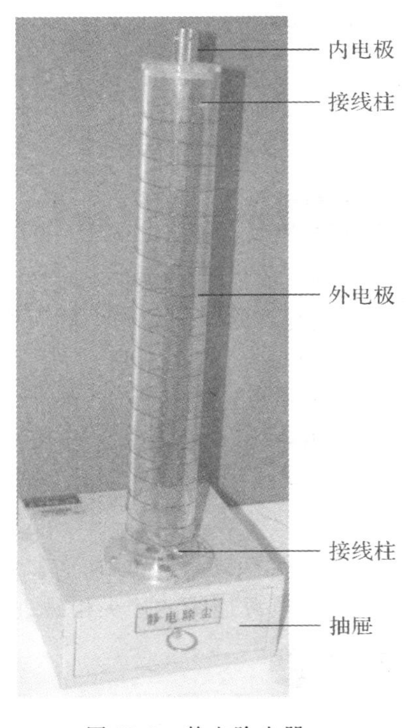

图 30-1　静电除尘器

操作与现象

静电除尘器的外、内两个电极分别接至高压直流电源(如图 28-2)的正、负极上；将纸片或蚊香点燃放入抽屉内，可看到圆桶内充满烟雾，烟尘从筒内袅袅上升，自顶端逸出；打开电源，调节电压达到一定值时，烟雾很快消失。如果断电片刻，烟雾又会逐渐增加，重新通电后，烟雾又很快消失。

演示结束，关闭电源之后一定要进行人工放电。

原理解析

当除尘器的两个极板接通高压电源之后，圆筒内产生强电场，根据静电场的高斯定理可知，静电除尘器两极板间(可视为同轴电缆)的电场分布：

$$E=\frac{\lambda}{2\pi\varepsilon_0 r}$$

式中 λ 为极板沿轴线方向单位长度上的带电量，r 为离轴线的距离。

显然，靠近轴线处的场强最大，周围空气易被击穿进而发生电离，形成大量的正、负离子。负离子随电场向正极飘移，在飘移过程中与尘埃中的中性粉尘颗粒发生碰撞。这些粉尘颗粒吸附电子后会使原本中性的尘埃颗粒

带上了负电。带电的尘埃颗粒在电场力的作用下飞向管壁并附着其上，其中一部分受重力的作用落入灰尘回收斗中，另一部分会集结在电极上，通过振动装置也可使其落入回收斗中，从而达到净化空气的目的。

应用实例

随着经济的高速发展，人们将越来越多的矿物资源转化为工业原材料和产品。以煤作燃料的工厂、电站每天排出的烟气带走大量煤粉，不仅浪费燃料，而且还严重污染了环境，影响到农作物的生长和人类的健康。所以减少空气粉尘含量势在必行。静电除尘是人们公认的、成熟的、高效可靠的除尘技术。工业常用的除尘器就是把许多这样的圆筒装置并列起来，组成“蜂窝”状，以提高除尘效率。除了这种管式的静电除尘器之外，工业中常用的还有板式静电除尘器及荷电水雾除尘器等，虽原理略有不同，但都是利用静电的异性相吸、同性相斥的原理吸附空气中的污染物，达到净化空气的目的。

实验三十一　维姆胡斯感应起电机
(Wimshurst Electric Generator)

仪器介绍

如图 31-1 所示，即是维姆胡斯[①]感应起电机，主要由皮带轮、导电层(金属铝箔)、导电杆和电刷、起电盘、集电梳、莱顿瓶、摇柄和底座等结构组成。维氏感应起电机主要用来做静电电荷的产生和收集储存。仪器的使用范围极广，可以用来进行电力线的模拟演示、静电跳球演示、带电体相互作用演示、静电荷曲率分布演示、静电轮演示、电风吹烛焰演示、电介质极化演示和静电植绒演示等实验。

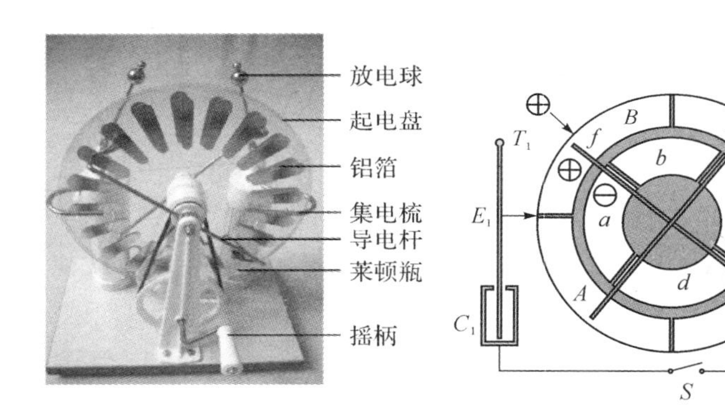

图 31-1　维氏感应起电机　　图 31-2　感应起电机结构

操作与现象

(1)将两个放电球放在比较接近的位置间，手持摇柄，顺时针慢慢转动起电盘，经过一段时间之后，在两个放电球之间产生“噼里啪啦”的电火花放电声音，并伴随有明显的击穿的电弧线。

(2)如果逆时针转动起电盘，则发现无论转速如何，均不会产生高压尖端放电现象。

---

① 维姆胡斯(Wimshurst)：英国人。1882 年维姆胡斯创造了圆盘式静电感应起电机。

原理解析

起电盘是利用感应作用起电的一种仪器，当两个起电盘快速反向旋转时，带电系统，特别是装有绝缘手柄的放电球，分别积累起不同电性的大量电荷而达到高电压。如果将两个放电球放在比较接近的位置上，则可以产生明显的高压放电现象。

为了便于说明其工作原理，现将起电机的皮带轮手柄朝向使用者，画成如图 31-2 所示，其中小圆表示靠近使用者的起电盘(称为前盘)，大圆表示远离使用者的起电盘(称为后盘)。

1. 正转起电过程

如图 31-2 所示，假设在导电杆 f 上端电刷所对前盘的位置处(在其他位置处起电的情形类似)，受到大气中较多的正电荷(若是负电荷，起电的情形类似)粒子碰撞。当起电机正转时，逆时针旋转的后盘上 B 区铝箔经过此处时便带上正电荷，同时使顺时针旋转的前盘上经过电刷的 a 区铝箔，由于静电感应而带上负电荷。而与 f 下端电刷接触的 c 区铝箔则被感应出正电荷，后盘上的 D 区铝箔带上负电荷。图 31-2 中，当正转开始时，前盘和后盘同时旋转 90°至图 31-3(a)位置时，后盘 B 区带正电荷的铝箔和 D 区带负电荷的铝箔分别与 F 两端的电刷接触，如图 31-3(a)所示。由于 F 的连接，使正负电荷发生中和，导致两区的铝箔成电中性，但同时旋转到此位置上的前盘 c 区带正电荷的铝箔和 a 区带负电荷的铝箔，由于静电感应，使 B 区和 D 区上的铝箔重新带上电荷。根据感应规律，B 区铝箔带上负电荷，D 铝箔带上正电荷。结果使它们经过电刷后所带电荷的极性，刚好跟经过电刷前所带电荷的极性相反。与此同时，C 区铝箔因为与大气中的正电荷粒子碰

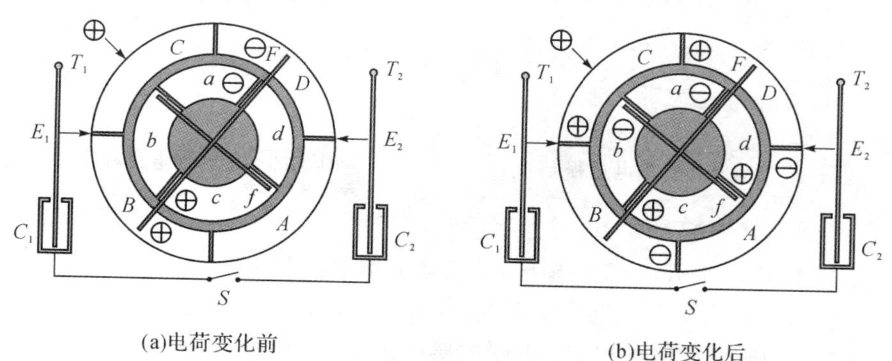

(a)电荷变化前

(b)电荷变化后

图 31-3 正转 90°时

撞而带上正电荷，由于静电感应，使 b 区和 A 区铝箔带上负电荷，而 d 区铝箔带上正电荷。最后结果各区铝箔带电情况如图 31-3(b)所示。

当前盘和后盘继续旋转至刚好 180°时，两盘上便以 f 和 F 正交划分的 4 个扇区，形成不同的电荷分布区，其中左边扇区的前后盘均带正电荷，右边扇区的前后盘均带负电荷，上、下扇区的前后盘均带异种电荷，如图 31-4 所示。

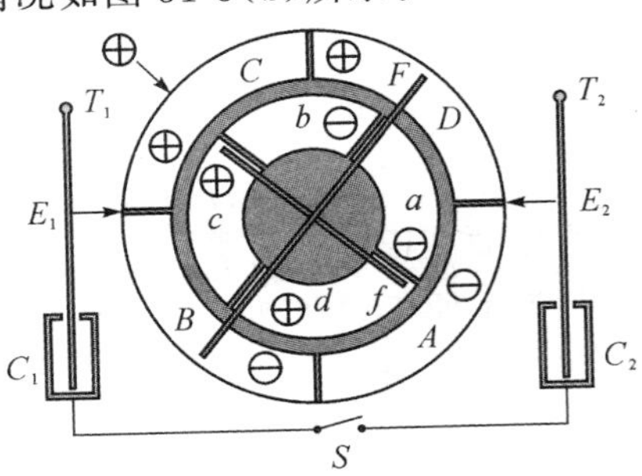

图 31-4　正转 180°时

此后，因为前后盘各铝箔均带上了电荷，起电机继续正转，各铝箔经过电刷时，在"正负电荷中和"和"感应起电"这两个物理过程的作用下，改变所带电荷的极性，从而不断地自激起电。至此，空气中的电荷源就不再起作用了。因此，仪器说明书上把"电刷装置"称为"中和电刷"，同时在括号内注释为"感应电刷"，不无道理。

2. 反转起电过程

反转起电和正转起电的原理相同，但反转时(同样以图 31-2 情况为例)，由于开始带正电荷的是后盘的 A 区铝箔，在静电感应的作用下，前盘的 d 区和 b 区铝箔分别带负电荷和正电荷，而后盘的 C 区铝箔则带上负电荷，结果反转 180°后便形成图 31-5 所示的电荷分布。

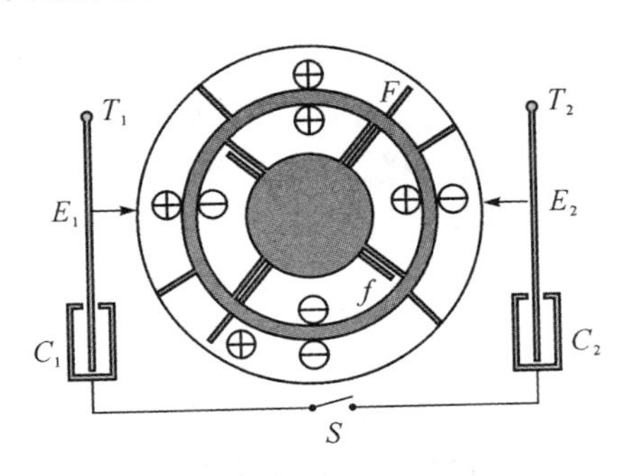

图 31-5　反转集电过程

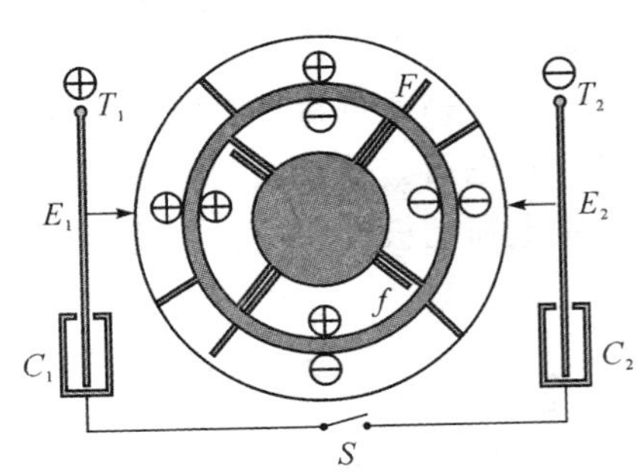

图 31-6　正转集电过程

3. 正转集电过程

如图 31-6 所示，在左边扇区，前后盘上均带正电荷的铝箔，同时相向经集电梳 E_1 时，由于静电感应使 E_1 感应出负电，而与 E_1 相连接的放电球 T_1(下称 T_1)和莱顿瓶(下称 C_1)内则被感应出正电荷，E_1 感应出的负电荷又聚集在电梳尖端而形成电晕放电，结果使正电荷储集在 T_1 和 C_1 上，而经

过 E_1 后带正电荷的铝箔则继续旋转，旋转到与电刷接触时，铝箔所带的正电荷则与导电杆另端电刷接触的铝箔所带的负电荷中和，当有带正电荷的铝箔持续经过 E_1 时，T_1 和 C_1 就能不断地储集正电荷。同理，同时在右边扇区前后起电盘上均带负电荷的铝箔持续经过 E_2 后，使 T_2 和 C_2 内不断地储集负电荷。当 C_1 和 C_2 处储集的正、负电荷不断增加，T_1 和 T_2 之间的电压也随之升高，在电压达到 T_1 和 T_2 之间空气的击穿电压值时，T_1 和 T_2 之间就会产生火花放电。

4. 反转集电过程

如图 31-5 所示，在左边扇区，当前、后起电盘上分别带负、正电荷的铝箔，同时相向经过 E_1 时，由于静电感应使 E_1 两侧分别感应出正、负电荷，而与 E_1 相连接的 T_1 和 C_1 内也被感应出正、负电荷，由于正、负电荷相互抵消，结果使 T_1 和 C_1 内无法储集电荷。同理，T_2 和 C_2 也是无法储集电荷。

常见问题

感应起电机有时不能起电，主要原因是绝缘部分的绝缘性能不良或者是金属箔片缺少起始电荷。绝缘性能不良常是由于仪器表面绝缘部分不洁或不干燥引起的。例如莱顿瓶内外极板之间、转动盘上金属箔片之间及放电杆的支架之间的绝缘不良，就会出现不起电的故障。解决办法：如果是由于灰尘附着在表面引起绝缘不良，则可以用干净的软布或好的软毛刷，除去表面的灰尘使表面清洁；如果是由于天气潮湿或仪器受潮引起绝缘不良，则可用日光、电吹风或红外线使它干燥，但需要注意，烘烤温度一般不超过50℃；如果由于金属箔缺少起始电荷，使起电机不能起电，常用静电感应法来解决，先用有机玻璃棒与丝绸摩擦，使有机玻璃棒带电，再将这带电棒放在与电刷相接触的金属箔片附近（有机玻璃棒不要与转盘接触，以免碰坏金属箔片），转动起电盘使其按照正常方向转动，就会使金属箔片带上起始电荷，从而使起电机正常起电。

如果将两个莱顿瓶外面的连接片连接，得到的放电火花较明亮，两次放电间隔的时间加长，这是因为莱顿瓶总电容量增加所致；如果连接片断开，相应的电容量就减小了，这时相同条件下得到的放电火花较小，两次放电间隔的时间缩短。

实验三十二　手触蓄电池(Hand-touching Battery)

仪器介绍

如图 32-1 所示，手触式蓄电池演示仪由三块金属板（两块铝板和一块铜板）和一台检流计组成，其中铝板 1 接检流计负极，铜板和铝板 2 接检流计正极，通过演示理解接触电位差的概念。

图 32-1　手触式蓄电池

操作与现象

(1)用左手握住铝板 1，同时用右手握住铝板 2，观察表盘读数的变化，然后交换左右手再观察结果：指针没有发生偏转。

(2)用左手握住铝板 1、同时用右手握住铜板，观察表盘读数的变化：指针正偏；然后交换左右手再观察结果：指针依然正偏。如果交换接线柱，即铝板 1 接检流计正极，铜板接负极，则检流计反偏。

(3)改变两手湿润程度、按压力度时，重复以上步骤观察指针偏转的格数有何不同。结果发现：手越湿润指针偏转的角度越大；压力度越大指针偏转的角度亦越大。

原理解析

将双手分别按住铜板和铝板时，由于人手上带有汗液，而汗液是一种电介质，里面含有一定量的正负离子，同时铝板比铜板活泼，铝很容易就与铝板上汗液中的负离子发生化学反应，而把外层电子留在铝板上，使铝板集聚大量负电荷（电子）。当用导线把铜板和铝板连接起来，铝板上的电子通过电流计将向铜板移动，导线中就有电流通过，而电流的方向正好与电子移动的方向相反，则是由铜板经电流计流向铝板，故电流计指针偏转。此时两块金属板通过人体连接构成了一个等效电池（如图 32-2 所示），即手触蓄电池。

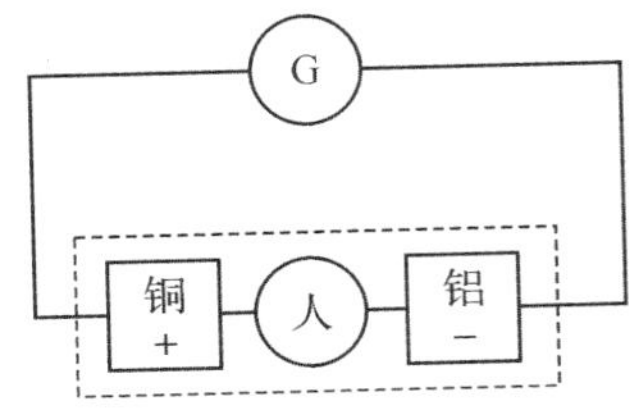

图 32-2　等效电池

知识拓展

“伏打电堆”发明简史

意大利物理学家伏打(Alessandro Volta,1745～1827,又译作“伏特”)对电流的早期研究作出了重要贡献。伏特在45岁生日后不久,读到了伽伐尼[①] 1791年的文章,这促使他作出了最大的发明和发现。

伽伐尼对物理学的贡献就是发现了伽伐尼电流。1786年的一天,伽伐尼在实验室解剖青蛙,把一只剥了皮的死青蛙放在一块金属板上,无意中解剖刀触到了蛙腿上外露的神经,这时死青蛙的腿突然剧烈地痉挛抽搐起来,同时出现电火花。这种现象引起了伽伐尼的极大兴趣,他在不同的时间,不同的天气情况下,用各种材料进行了试验,最后得出结论:动物体内存在着一种不同于静电的生物电。动物的每一根肌肉纤维都含有这种电,只要用一种以上的金属触动它,这种电就会释放出来,并引起蛙腿抽搐。他把这种电叫做“动物电”。

但是,伏打对于伽伐尼的解释是不认可的。在亲自实验后,他指出,伽伐尼电在本质上是两种不同金属和湿的动物体连在一起引起的,不是动物电而是金属电。伏特发现如果在蛙腿两端使用相同的金属,蛙腿则不抽搐。如果不用蛙腿,只用两种不同的金属和湿的溶液接触,也能产生电。这使得伏特的实验发生了根本的转折——由过去重视蛙腿实验转向重视金属的生电性质。1799年,伏特用不同的金属圆片和浸过盐水的湿纸片交替叠加成一个高高的圆柱,并从圆柱两端引出了持久的电流——这就是有名的“伏打电堆”。

就这样,伏打不但证明了金属接触电的存在,还发明了人类最早的化学电池,即“伏打电堆”,使人类的电学研究从此告别了靠摩擦生电的“静电”时代,一下子跃进到“动电”的时代,从而导致了以后电化学、电磁学等一系列重大的科学发现和发明。人们为了表彰他,用他的姓氏命名了电压的单位。

“伏打电堆”是伏打在55岁时得到的。也许是他年纪太大了,无法再与年青的新生力量竞争,也许是他以前巨大的成就阻碍了他,也许是他的著作缺乏正规的数学,限制了他表达自己思想的能力,伏特在完成了电堆工作后,实际上就从舞台上消失了。对他的发现的利用完全落在其他人的身上。

---

① 伽伐尼(L. Galvani, 1737—1798):意大利解剖医学家、动物学家和物理学家。

实验三十三　弹性跳环——跳环式楞次定律演示仪
(Elastic Loop: Ring-typed Lenz's Law Demonstrator)

仪器介绍

如图 33-1 所示，弹性跳环利用通电线圈及线圈内的铁芯所产生的变化磁场与铝环的相互作用，演示楞次[①]定律。铁芯为 $\varphi=26\text{mm}\times 450\text{mm}$ 的软铁棒，线圈为有机玻璃骨架、$\varphi=0.7\text{mm}$ 高强度漆包线绕制而成。

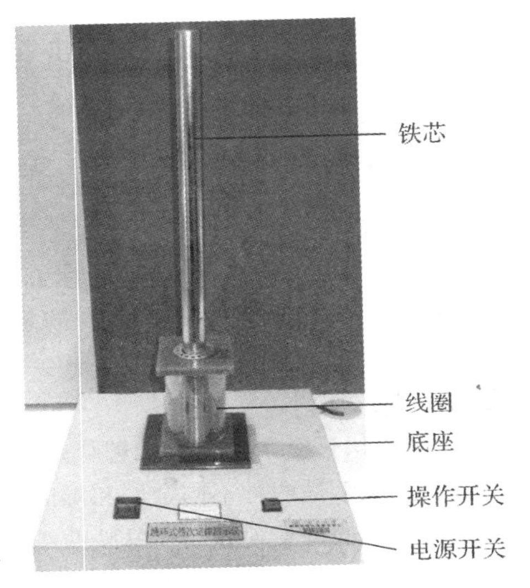

图 33-1　跳环式楞次定律演示仪

操作与现象

1. 闭合铝环的上跳演示

将电源插座插入电源，打开电源开关，将铝环套入铁棒内按动操作开关。当开关接通则铝环高高跳起，当保持操作开关接通状态不变，则铝环保持一定高度，悬在铁棒中央；当断开操作开关，则铝环落下。

2. 带孔铝环的演示

重复上述步骤，然后将带孔的铝环套入铁棒内，按动操作开关。当开关接通瞬间，铝环上跳，但高度没有不带孔的铝环高；保持操作开关接通状态不变，铝环则保持某一高度不变，悬在铁棒中央某一位置，但没有不带孔的铝环悬得高；当把操作开关断开后，铝环落下。

3. 开口铝环的演示

重复上述步骤，然后将开口铝环套入铁棒内按动操作开关，开口铝环静止不动。

---

① 海因里希·弗里德里希·埃米尔·楞次(Heinrich Friedrich Emil Lenz)：俄国物理学家。1833 年，他发现了电磁感应的楞次定律；1843 年，他在不知道焦耳发现电流热作用定律(1841 年)的情况下，独立地发现了电热效应的焦耳-楞次定律。

原理解析

当线圈中突然通电流时，穿过闭合的小铝环中的磁通量发生变化，根据楞次定律可知，闭合铝环中会产生感生电流，感生电流的方向和原线圈中的电流方向相反，因此与原线圈相斥，相斥的电磁力就使铝环上跳。当用带孔的铝环时，由于有效感应面积小，产生的感生电流也比不带孔的铝环小，因此重复上述实验时铝环虽仍然会上跳，但跳起的高度相对较小；当开口铝环重复上述实验时，由于开口铝环不能形成闭合回路，无感生电流，没有受到电磁力的作用，所以静止不动。

实验三十四　涡电流演示(Eddy Current Demonstration)

仪器介绍

如图34-1所示,由底座、磁铁和三个相同高度的中空铝管(A、B、C)组成。其中A是管壁完好的铝管,B是管壁上开有狭缝的铝管,C则为管壁上具有许多圆孔的铝管。

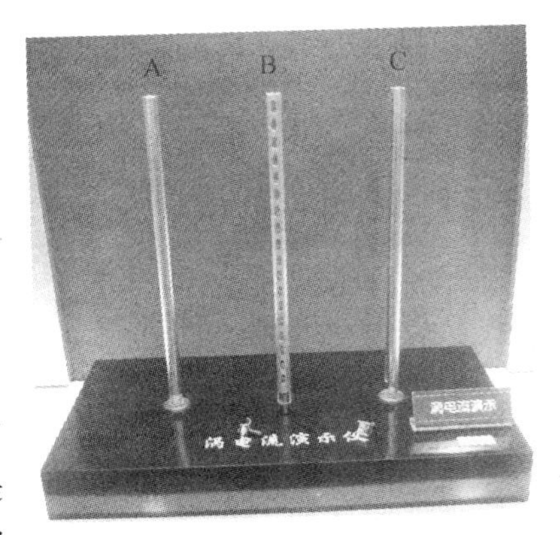

图34-1　涡电流演示仪

操作与现象

让一块磁铁分别从3个一定高度的中空铝管(A、B、C)顶端落下,其中A是管壁完好的铝管,B是管壁上开有狭缝的铝管,C是管壁上加工出许多圆孔的铝管。观察并比较在三种情况下磁铁下落的快慢情况。

实验现象:磁铁在A管中下落得最慢,C管中则稍快些,而在B管中下落速度最快。

原理解析

当大块导体放在变化着的磁场中或相对于磁场运动时,在这块导体中也会出现感应电流。由于导体内部处处可以构成回路,任意回路所包围面积的磁通量都在变化,因此,这种电流在导体内自行闭合,形成涡旋状,故称为涡电流。

涡电流的热效应:在金属圆柱体上绕一线圈,当线圈中通入交变电流时,金属圆柱体便处在交变磁场中。我们把铁芯看作由一层一层的圆筒状薄壳所组成,每层薄壳都相当于一个回路。由于穿过每层薄壳横截面的磁通量都在变化着,根据法拉第电磁感应定律,在相应于每层薄壳的这些回路中都将激起感应电动势并形成环形的感应电流,即涡电流。由于金属导体的电阻很小,涡电流很大,金属内将产生大量的热。

涡电流的机械效应:

(1)电磁阻尼:涡电流可以起到阻尼作用。利用磁场对金属板的这种阻尼作用,可制成各种电动阻尼器,例如磁电式电表中或电气机车的电磁制动

器中的阻尼装置，就是应用涡电流实现其阻尼作用的。

(2)电磁驱动：这是对“电磁阻尼作用起着阻碍相对运动”的另一种形式的应用。感应式异步电动机就利用了这一基本原理。

现象解释：当磁铁下落时，铝管管壁的各环形壳层磁通量发生变化，铝管内就会形成涡电流。由于涡电流产生的电磁阻尼会阻碍磁铁和金属之间的相对运动。涡电流越大，这种阻碍作用就会越强，在材料相同(都为铝)的情况下，涡电流的强弱与管壁的形状、大小密切相关。管壁完整的铝管有助于形成涡电流，磁铁受到的阻碍作用强，故磁铁在其中下落时，运动得最慢；对于管壁上有一条缝的铝管，由于缝的阻断作用，不易形成涡电流，磁铁受到的阻碍作用弱，故磁铁在其中下落就快；而在管壁上开许多孔的铝管，虽有阻断涡电流的作用，但没有开缝的阻断作用强，故磁铁在其中落下时，运动的快慢就介于 A、B 之间，较管壁完整的快，比管壁上开缝的要慢。

应用实例

金属导体内涡电流产生的热效应可以用于金属材料的加热和冶炼。理论分析表明，涡电流强度与交变电流的频率成正比，涡电流产生的焦耳热则与交变电流的平方成正比，因此，采用高频交流电就可以在金属圆柱体内汇集成强大的涡流，释放出大量的焦耳热，最后使金属自身熔化。这就是高频感应炉的原理。

电磁炉的工作原理也是如此，采用变化磁场感应涡流加热。如图 34-2 所示，当交变电流通过炉内的扁平励磁线圈时，产生变化的磁场。该变化磁场使穿过含铁质的锅具底部的磁通量发生周期性变化，在锅底产生无数强烈的小涡流，涡流使锅具里的铁分子高速无规则运动，分子间互相碰撞、摩擦而产生热能，使锅体本身快速发热，然后再加热锅内的食物。由于电磁炉

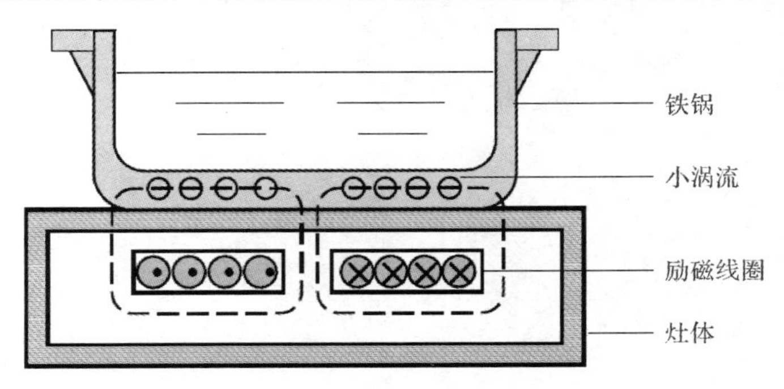

图 34-2　电磁炉

线圈和锅体没有直接接触，而是靠电磁感应加热，所以没有漏电危险。电磁炉发热线圈本身有磁条陈列和锅体对磁力线的汇聚吸收作用，并且经过金属外壳屏蔽，所以不会对人体造成伤害。

另一方面，导体中发生涡电流，也有有害的方面。在许多电磁设备中常有大块的金属部件——铁芯，涡电流可使铁芯发热，浪费电能，这就是涡流耗损。

实验三十五　互感现象的演示
(Demonstration of Mutual Inductance)

仪器介绍

如图 35-1 所示，互感现象演示仪主要由机箱、线圈(1000 匝)、收音机和扬声器等组成，可以用于演示两个线圈之间的相互感应及感应强度与位置之间的关系和铁芯在线圈互感中的作用。线圈 L_1 接收音机，收音机的声音通过左喇叭发出，线圈 L_2 接至右喇叭。

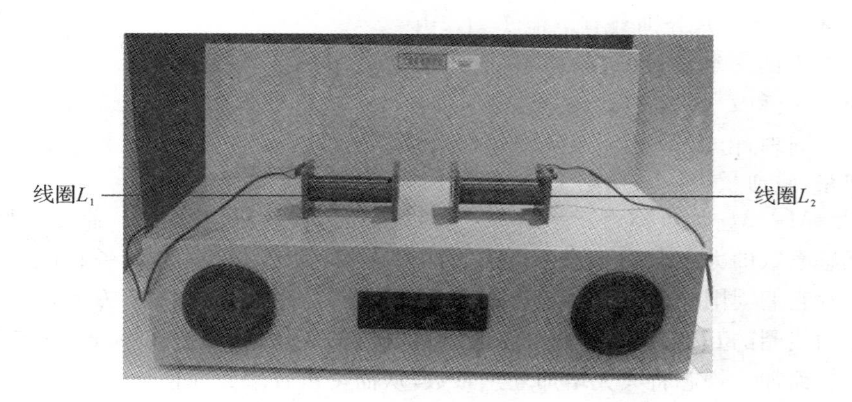

图 35-1　互感现象演示仪

操作与现象

(1)接通电源，打开电源开关(绿色)和收音机开关，适当调节音量，将转向开关(红色)打向一侧，这时可听到左喇叭有声音，这是收音机自身发出的声音，将转向开关打到另一侧，这时声音停止；

(2)将两线圈分别接在机箱两侧的输入插座上，并把两线圈放在同一直线上，这时可听到右喇叭有声音，而且两线圈移近声音增大，反之移远，声音减小；加入铁芯，声音可增大几倍；将两线圈垂直放置，声音减小，至消失，说明这是通过互感线圈感应过来的声音；

(3)可以随意改变线圈的相对位置和方向观察两个线圈的互感情况。

原理解析

互感：如果有两只线圈互相靠近，则其中第一只线圈中电流所产生的磁

通有一部分与第二只线圈相环链。当第一线圈中电流发生变化时，则其与第二只线圈环链的磁通也发生变化，在第二只线圈中产生感应电动势。这种现象叫做互感现象。

两个线圈之间的互感系数与其各自的自感系数有一定的联系。当两个线圈中每一个线圈所产生的磁通量对每一匝而言都相等，并且全部穿过另一个线圈的每一匝，这种情形叫无漏磁。将两个线圈紧密排列并缠在一起就能做到这一点。在这种情形下互感系数与各自的自感系数之间的关系比较简单。如图 35-2 所示，有两个临近的回路(1)和(2)，分别载有电流 I_1，I_2，由 I_1 产生的磁场穿过(2)的回路，磁通量为 φ_{21} 应和 I_1 成正比，$\varphi_{21}=M_{21}\cdot I_1$。

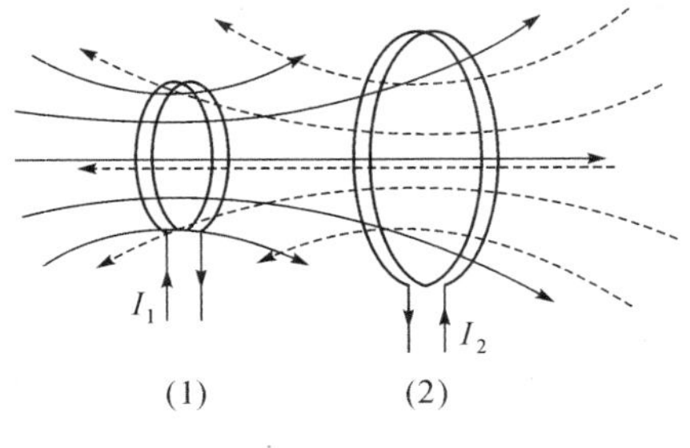

图 35-2　互感现象

同理，由 I_2 产生的磁场穿过(1)的回路，磁通量为 $\varphi_{12}=M_{12}\cdot I_2$。

M_{12}、M_{21} 均可称为互感系数。可以证明 $M_{12}=M_{21}=M$ 时，简称互感。互感系数的大小取决于两个线圈的几何形状、大小、相对位置、各自的匝数以及它们周围介质的磁导率。改变两线圈的距离、相对位置或方向都将改变两线圈的互感系数，因此会引起感应电流的变化，从而使得声音变大或变小。而加入铁芯将大大增加互感系数，从而使声音增大几倍。

所以，如图 35-3 所示，当打开收音机开关时，尽管线圈 L_1 和线圈 L_2 彼此相距数十厘米，并且并不直接用引线相连接，喇叭却能发出悦耳的音乐乐曲，此时我们只要关闭收音机的电源则喇叭立即不发音，由此可见喇叭发出声音正是通过线圈 L_1 和 L_2 的互感作用将音乐电信号传递到喇叭的。如此

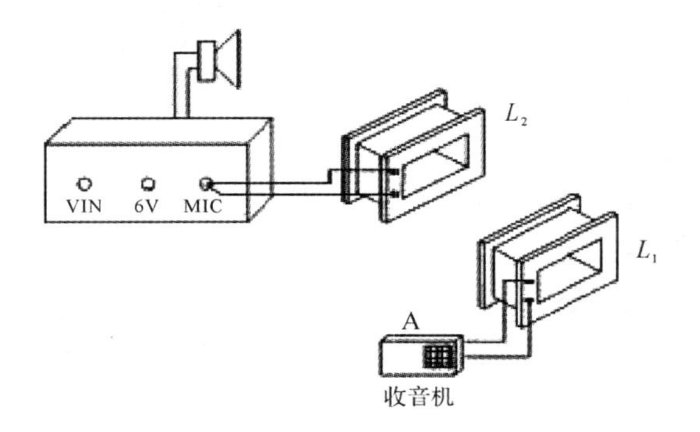

图 35-3　实验装置

一来，互感线圈能将一个电信号从一个线圈传递到另一个线圈直观而形象地演示出来。这就是简单的无线通信的演示实验。

应用实例

互感现象在电子和电子技术中应用很广，通过互感，线圈可以使能量或信号由一个线圈很方便地传递到另外一个线圈。利用互感现象原理我们可以制成变压器、感应圈等。但是自感在某些情况下也会带来不利的影响，在这种情况下我们应该设法减少互感的耦合。

实验三十六　雅格布天梯(Yacob Ladder)

仪器介绍

如图 36-1 所示，即为雅格布天梯演示仪，可以用来演示气体弧光放电的原理。演示仪内部具有两个对称放置、间距上宽下窄、顶部呈羊角形的电极，底座内有高压装置，可以向电极施加高压。

图 36-1　雅格布天梯演示仪

操作与现象

打开电源，在梯形电极上将加上高压，观察电极间弧光的产生、移动及消失。两根电极之间的高电压使极间最狭窄处的电场极度强。巨大的电场力使空气电离而形成气体离子导电，同时产生光和热。热空气带着电弧一起上升，就像圣经中的雅各布(以色列人的祖先)梦中见到的天梯。

原理解析

当给存在一定距离的两电极之间加上高压，若两电极间的电场达到空气的击穿电场时，两电极间的空气将被击穿，并产生大规模的放电，形成气体的弧光放电。

现象解释：雅格布天梯中的两电极构成为一梯形，通 2 万～5 万伏高压后，由于下端电极间距小，场强大($E=U/d$)，因此其下端的空气最先被击穿而放电，形成电弧持续放出火花，产生高温和射线。随着电弧加热和空气对流(空气的温度升高，空气就越易被电离，击穿场强就下降)，使其上部的空气也被击穿，形成不断放电。结果弧光区逐渐上移，犹如爬梯子一般的壮观。当升至一定的高度时，由于两电极间距过大，使极间场强太小而不足以击穿空气，弧光熄灭。

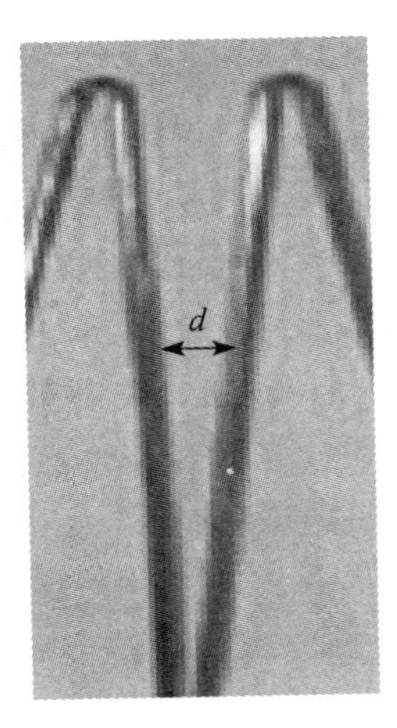

图 36-2
两电极之间的距离

实验三十七　脚踏发电机(Pedal Generator)

仪器介绍

脚踏发电机由脚踏车(内置发电机组和变压整流设备)、摄像头和显示器组成,如图 37-1 所示。

操作与现象

参与者坐在脚踏车上进行骑行,当踩踏速度足够快时,可以在显示器中看到自己的实时影像。

原理解析

图 37-1　脚踏发电机

脚踏发电机以人力为动力,不依赖汽油、柴油等其他燃料,符合环保理念。将脚踏发电机与健身器械结合起来,就变成两种功能的健身发电车。对于需要使用健身器械保持身体健康的人来说,健身的同时还可将健身娱乐消耗的能量转换为电能储存,作为照明和应急电源之用,是一件一举两得的事情,而且还会增加健身的趣味性,边健身边观看显示器播放的节目,就不觉得健身的枯燥和疲倦了。作为一种新型绿色能源系统,它具有结构简单、操作方便、安全可靠、老少皆宜,不受任何时间空间限制的特点,只要有人在,就可以全天候发电。

脚踏发电机,类似于水力发电和风力发电,是以机械能为动力,通过发电机组将机械能转换为电能,再通过变压整流设备将电能安全地输入摄像头和显示器进行供电。

参与者通过高速踩踏自行车,可以启动发电机发电,摄像头通电后将实时摄录参与者的影像,同时将摄像头和显示器连接,可以将摄录的影像播放出来。

实验三十八　洛伦兹力演示仪
(The Lorentz Force Demonstrator)

仪器介绍

图 38-1 所示，为三维电子偏转系统，用来观察电子束在磁场中的偏转并验证洛伦兹力的规律，演示洛伦兹[①]力的作用，以及观察电子束在电场中的偏转情况。

图 38-1　洛伦兹力演示仪——三维电子偏转系统

图 38-2 所示，则为相应的仪器示意图。

操作与现象

阴极射线管的阳极和阴极分别接感应圈的正负极。在感应圈正确工作时，射线管两极在强电场作用下，从阴极发射电子束——阴极射线，阴极射线经狭缝射在斜置的荧光屏上，可显示为一直线。以条形磁铁从水平并垂直方向移近射线，可见射线偏转，靠得越近，偏转得越厉害；改变磁铁的极性，可

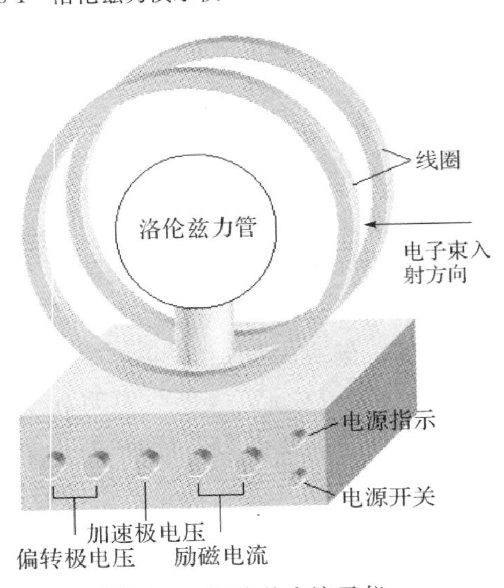

图 38-2　洛伦兹力演示仪

① 亨德里克·安东·洛伦兹(Hendrik Antoon Lorentz，1853-1928)：荷兰物理学家、数学家。他的主要贡献是创立了经典电子论，他认为电具有“原子性”，电的本身是由微小的实体(即电子)组成的。洛伦兹以电子概念为基础来解释物质的电性质，并由电子论推导出运动电荷在磁场中要受到力的作用，即洛伦兹力(1895 年)。1896 年 10 月，洛伦兹的学生塞曼发现，在强磁场中钠光谱的 D 线(钠黄光谱线 D_1 与 D_2)有明显的增宽，即发生了塞曼效应。由于洛伦兹的经典电子论能成功地解释塞曼效应，因而与塞曼一起获得 1902 年诺贝尔物理学奖。因为洛伦兹能熟练地掌握多门外语，具有渊博的学问，又善于总结最复杂的争论，所以在 1911—1927 年间担任了物理学的索尔维会议的定期主席，在国际物理学界享有崇高的名望。

见偏转方向也改变。根据磁铁的极性和射线的偏转方向可验证洛伦兹力的规律。

注意：要正确选择感应圈极性，输出电压不要过高。

一、观察电子束在磁场中的偏转

（1）仪器通电后预热数分钟，顺时针转动“加速极电压”旋钮，可看到从电子枪发出的一束电子射线轨迹（加速电压加 100～200V 之间，不超过 250V）。

（2）转动洛伦兹力管，使电子束轨迹直线指向左边与励磁线圈轴线垂直。

（3）将“励磁电流”方向开关转到“逆时”（线圈上的逆时针指示灯亮），由右手螺旋法则可知线圈产生的磁场平行于线圈轴线，方向指向观察者，电子束受洛伦兹力作用向下偏转。当开关转到“顺时”时，现象相反。

二、观察电子束在匀强磁场中作圆周运动

（1）将“励磁电流幅值”旋钮顺时针转动，加大励磁电流，可看到电子束轨迹形成一个圆（其直径 $D=2r=2\,mv/eB$）。

（2）在加速极电压不变，加大励磁电流时，磁场 B 加大，则圆直径减小。

（3）在励磁电流不变时，加大加速极电压时，电子运动速度加大，圆直径变大。

三、观察电子束在三维空间的运动轨迹

逆时针转动“洛伦管”，当电子束方向与磁场方向平行时，电子不受磁场力的作用，可看到轨迹是一条直线。当电子束与磁场方向为任意角度时，则可看到电子束轨迹是螺旋线。

四、观察电子束在电场作用下的偏转运动

（1）将“励磁电流幅值”旋钮逆时针转到最小值，“励磁电流方向”开关转到“断路”，线圈不产生磁场。

（2）转动“洛伦管”，使电子束平行偏转板，这时上偏转板加正电压，下偏转板接地，可看到电子束轨迹向上偏转。当加速极电压不变，而加大偏转板电压，则电子束向上偏角加大。当偏转板电压不变，加速极电压增加时，则电子束偏角减小。

（3）将“偏转板电压方向”开关转到“下正”时，现象相反。

五、电子荷质比e/m的测定

可根据此装置测得——电子轨迹圆的半径，已知 V_a 为加速板上的电压，I 为励磁线圈电流，得：

$$e/m=2.47\times10^{6}V_a/r^2I^2\text{（库仑/千克）}$$

原理解析

运动电荷在磁场中受到洛伦兹力的作用，其公式为：$f=q\boldsymbol{v}\times\boldsymbol{B}$。可以看出，洛伦兹力的方向总是与电荷的运动方式相垂直，所以洛伦兹力不改变电荷运动速度的大小，只改变速度的方向。尽管速率大的电荷在大半径的圆周上运动，速率小的则在小半径的圆周上运动，但它们运行一周所需要的时间却是相等的。如果速度 $\boldsymbol{v}$ 的方向与磁场$\boldsymbol{B}$的方向垂直，则电荷在垂直于磁场的平面内作匀速圆周运动。如果$\boldsymbol{v}$与$\boldsymbol{B}$间有任意夹角，则电荷会沿着磁场的方向作螺旋线运动，在一个周期内回旋一周。

运动电荷在电场中受到电场力的作用，其公式为：$f=q\boldsymbol{E}$，当电场恒定，且运动速度垂直于电场强度时，则运动轨迹为一抛物线，电荷的速度大小和方向都会发生改变。

实验三十九 磁聚焦实验(Magnetic Focusing Experiment)

仪器介绍

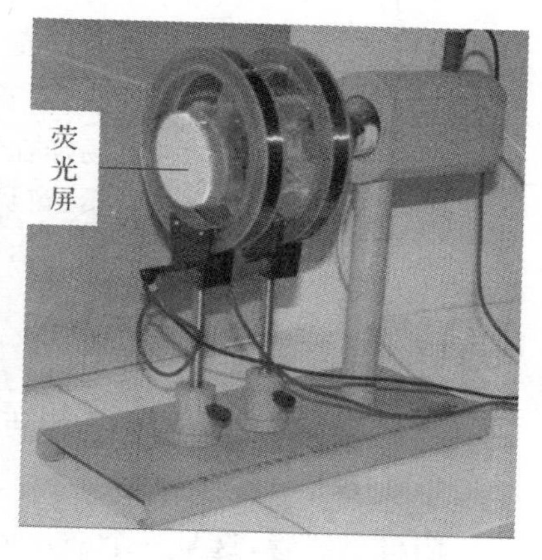

图 39-1 马尔塔十字管

如图 39-1 所示，该实验仪包括了马尔塔十字管组件、支架组件和亥姆霍兹①线圈组件；马尔塔十字管组件包括马尔塔十字管和设在管外的插头，该插头插入所述支架组件的管座中；亥姆霍兹线圈组件包括竖立置放在所述支架组件的底板上的两只装有接线盒的线圈，该线圈套在马尔塔十字管的外面。

图 39-2 所示为演示仪全貌图，除了上述的马尔塔十字管之外，还包括了阴极射线管专用高压电源和为亥姆霍兹线圈提供恒电流的恒流电源。

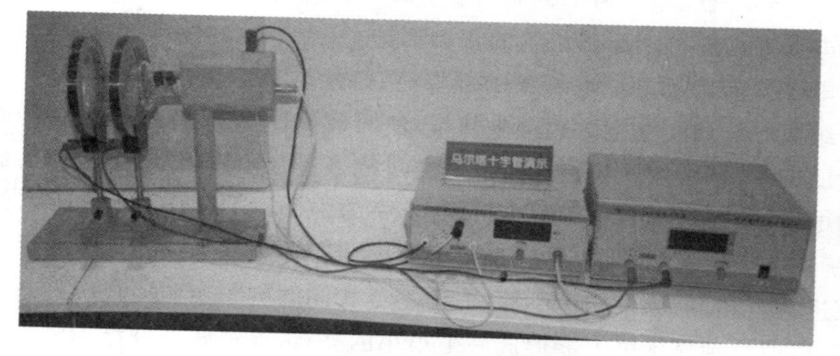

图 39-2 马尔塔十字管演示仪全貌

左边为“马尔塔十字管”；中间为“阴极射线管专用高压电源”(提供灯丝电源)；右边为“专用的恒流电源”(接亥姆霍兹线圈)

① 赫尔曼·冯·亥姆霍兹(Hermann von Helmholtz，1821—1894)：德国物理学家、生理学家，令他在科学界享负盛名的是能量守恒定律的提出。1842 年，德国医生罗伯特·迈尔(R. Mayer，1814—1878)基于“无不生有，有不变无”和“原因等于结果”的哲学思考出发，提出能量守恒的概念；1843 年，英国物理学家焦耳(James Prescott Joule，1818—1889)从实验方面测定了热功当量值；1847 年，亥姆霍兹发展了迈尔和焦耳的工作，讨论了当时已知的力学的、热学的、电学的、化学的各种科学成果，严谨地论证了各种运动中能量守恒定律。

操作与现象

(1)打开阴极射线管专用高压电源之后,可在荧光屏上观察到一个十字形的阴影,阴影周围是绿色的亮光;

(2)打开恒流电源,即给亥姆霍兹线圈通以恒定的电流,亥姆霍兹线圈中间产生一个均匀磁场,磁场加在电子束经过的路径;

(3)调节恒定电流的大小,可以在荧光屏上观察到十字形的阴影发生旋转,并逐渐减小最后变成一个光点。

原理解析

演示过程包括两个过程:电子束的电聚集和磁聚集过程。

1. 电子束的电聚集

阴极射线管,这是一个漏斗形的电子真空器件,由显示屏、电子枪和偏转控制装置三部分组成。

显示屏是显示信息的主体部分,屏面涂着一层硅化锌,当电子轰击显示屏时,它会发出绿光。为了在显示屏上显示信息,必须有为其提供电子束和选择电子束在屏幕上撞击位置的相关部件。

电子枪是用于产生电子束的部件,由灯丝、阴极、栅极、阳极、聚焦极几部分组成。灯丝在通电之后产生热量,使阴极被加热,变热的阴极会释放出大量的电子;栅极用于控制这些电子通过栅极进入阳极区域、进而撞向显示屏的电子的数量,即打向显示屏的电子束的强弱;阳极实现对电子束的加速,确保电子束有足够的动能,以提高显示屏的显示亮度;聚焦极用于对电子束进行聚焦,把原来初速不等、方向不尽相同的电子聚焦成很细的一个电子束,以便打到显示屏上能形成一个很小的亮点,保证较高的显示清晰度。

偏转控制装置,是指套在阴极射线管尾部的偏转线圈,用于控制电子束沿着水平和垂直两个方向的运动轨迹,以便准确地控制一束电子能打到显示屏幕上任何一个位置,这是在显示屏幕上全屏显示信息所必须实现的控制功能。

这套系统与凸透镜对光的会聚作用相似,所以通常称之为电子透镜。

由于在电子束经过的路径安装有十字形的架子,所以会在屏幕上留有一个十字形的阴影。

2. 电子束的磁聚焦

带电粒子在垂直于磁场的平面内会作圆周运动;带电粒子在沿磁场方

向会作匀速直线运动；带电粒子的运动速度与磁场强度之间存在夹角，则粒子会沿磁场方向作螺旋运动。在一个周期内粒子回旋一周，沿磁场方向移动的距离（螺旋线的螺距）为：

$$h=\frac{2\pi m v_{//}}{qB}$$

式中 $v_{//}$ 为带电粒子的运动速度平行于磁场方向的分量。

可知，螺距的大小与速度的垂直分量 $v_{\perp}$ 无关。显然，无论带电粒子以多大速率进入磁场，也无论沿何种方向进入磁场，只要它们平行于磁场的速度分量是相同的，它们运动轨迹的螺距就一定相等。如果它们是从同一点射入磁场的，那么它们必定在沿磁场方向上与入射点相距螺距 h 整数倍的地方又会聚在一起。这与光束经透镜后聚焦的现象相似，故称为磁聚焦，如图 39-3 所示。

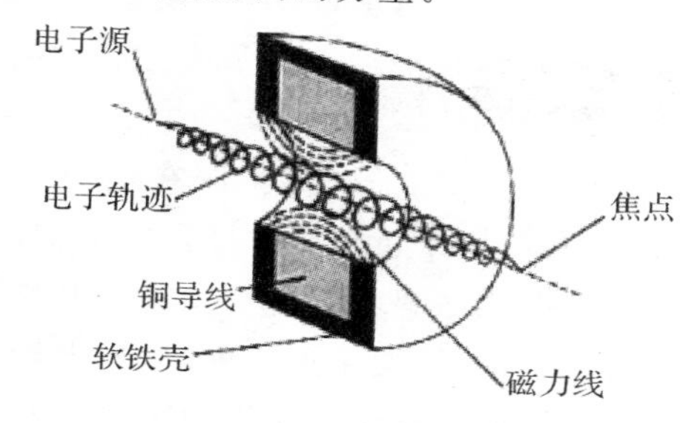

图 39-3　磁聚焦现象

所以，当我们加大恒电流的值（即加大磁场强度）时，十字阴影会发生偏转，因为此时电子束的运动轨迹是螺旋线。随着磁场强度的增大，螺距变小，当亥姆霍兹线圈之间的距离正好是螺距的整数倍时，电子束就聚焦于一点，于是就在荧光屏上出现一个光点。

教学应用

本实验中所用的新型的马尔塔十字管演示实验仪为敞开式结构，可形象、直观地进行成像实验，便于课堂教学的演示。

实验四十　电磁炮(Electromagnetic Artillery)

仪器介绍

如图 40-1 所示,即为电磁炮。

图 40-1　电磁炮

操作与现象

接上三相电源;将靶放在炮弹前进的方向,估计好炮弹应打到的位置;把金属炮弹放进尾部炮筒,要使炮弹全部进入,这样便于炮弹射出;按下触发开关,炮弹飞出。如果出现炮弹向后射的情况,请把电源插头中的任意两相互换即可。

原理解析

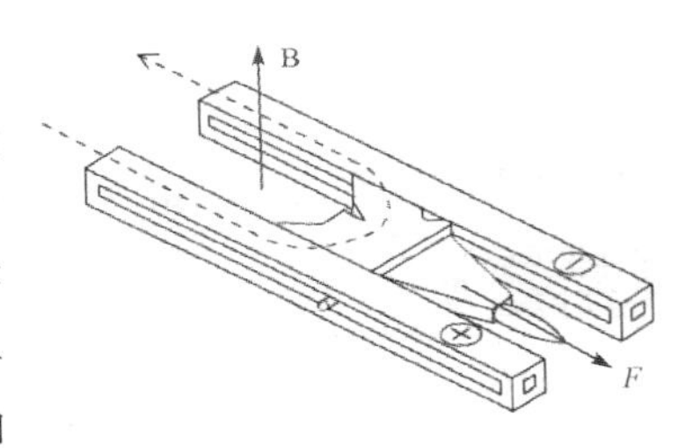

图 40-2　电磁炮原理

19 世纪,英国科学家法拉第发现,位于磁场中的导线在通电时会受到一个力的推动,同时,如果让导线在磁场中作切割磁力线的运动,导线上也会产生电流。这就是著名的法拉第电磁感应定律。正是根据这一定律人们发明了现在广泛应用的发电机和电动机,它也是电磁炮的基本原理,或者说,电磁炮不过是一种比较特殊的电动机,因为它的转子不是旋转的,而是作直线加速运动的炮弹。如何产生驱动炮弹的磁场,并让电流经过炮弹,使它获得前进的动力呢?一个最简单的电磁炮设计如图 40-2 所示:用两根导体制成轨道,中间放置炮弹,使电流可以通过三者建立回路。把这个装置放在磁场中(磁场 B 的方向垂直于炮弹朝上),并给炮弹通电。当炮筒中的线圈通入瞬时强电流时,置于线圈中的金属炮弹会受到安培力 F 而飞速射出。

知识拓展

在 1980 年,美国西屋公司为“星球大战”建造的实验电磁炮基本就是这

样的结构，如图 40-2 所示。它把质量为 300 克的炮弹加速到了每秒约 4 千米。如果是在真空中，这个速度还可提高到每秒 8～10 千米，这已经超过了第一宇宙速度，具备了作为一种新型航天发射装置的理论资格。但是，将这一理论上的可能变为实际，还需要解决以下几个问题：

首先，实验电磁炮的加速度太大，人无法承受。这个问题只有一个解决方法，那就是延长加速时间。然而这必须以采用更长的轨道为代价。由于人体只能承受大约 3 倍重力加速度的长时间加速，满足人体耐受能力的电磁炮所需的轨道长度需 1000 千米，这在技术上难以实现。

第二，如果把电磁炮水平安装在地面上，飞出炮口后的炮弹仍然会在大气阻力下很快减速，难以顺利达到环绕地球轨道，为此，用于航天发射的电磁炮必须将出口设置在空气稀薄的高山之巅。

第三，目前电磁炮能够发射的炮弹质量仍然不大，这是加速能力不足造成的。加速炮弹的安培力与磁场和电流之积成正比，要获得足够强的加速磁场一般靠超导磁体，但是超导磁体需要冷却到很低温度（如液氦温度，约 −269℃）才能发挥作用。当然，如果高温超导强磁体能够研制成功，对低温条件的要求也可放宽。

第四，在磁场不够强的情况下，要想提高加速能力就只能让炮弹通过足够大的电流，于是就会产生大电流发热和炮身烧蚀等麻烦。

实验四十一　超导磁悬浮列车
(Superconducting Maglev Train)

仪器介绍

装置有三部分组成:磁轭(永磁铁)、列车模型(带超导样品)、转机。磁轭是由 100mm×100mm×5mm 软铁制成,下方带有永磁铁,永磁铁是用 25×25×12 的 NdFeB 钕铁硼永磁材料组成。超导样品是用熔融结构生长工艺制备的,含 Ag 的 YbaCuO 系高温超导体,样品形状为:圆盘状,直径 Ø30mm 左右,厚度为 3mm,其临界转变温度为 90K 左右(−183℃)。

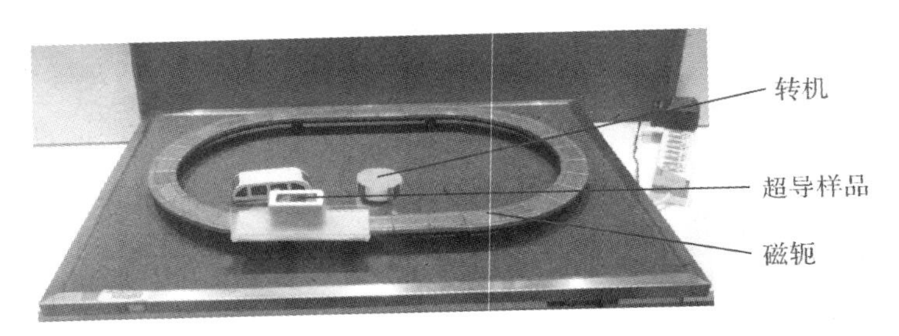

图 41-1　超导磁悬浮列车的组件

操作与现象

演示磁悬浮:将超导样品放入列车模型的中央并固定,再向列车模型中倒入液氮,浸泡约 1～3min,列车将慢慢脱离轨道,处于悬浮状态,离磁轭高度约为 10mm。轻轻向前推动列车,在转机的带动下列车将持续沿着轨道运动,如图 41-2 所示。

图 41-2　磁悬浮列车的运行过程

持续一段时间后，列车慢慢减速，自动落到磁铁表面。

原理解析

超导体具有零电阻性和完全抗磁性两大特点。零电阻性是指物质在临界低温状态下，电阻会突然消失，比如汞在4.2K以下电阻突然为零。所谓完全抗磁性是指超导材料处于超导态时，只要外加磁场不超过一定值，磁力线不能透入超导体，超导材料内的磁场恒为零(如图41-3所示)。一般超导材料达到超导状态的温度是非常低的，需要在40K以下。实验中所采用的高温超导体：是指样品在液氮温区77K(－196℃)下就可以呈现出超导性，超导转变温度相对较高，因此利用液氮降温就可以使样品达到超导状态。

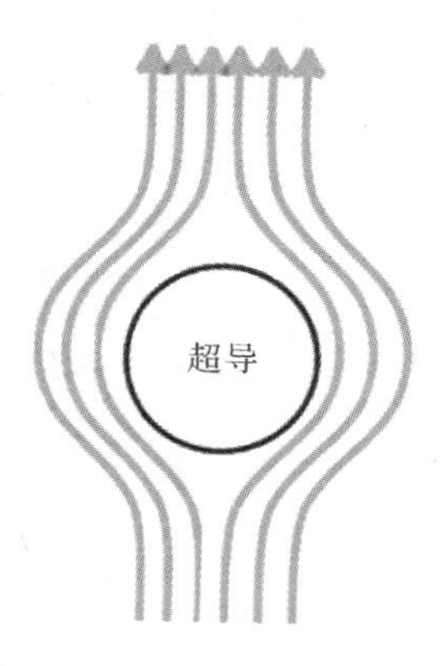

图41-3　超导的完全抗磁性

当向列车倒入液氮，经过一段时间后，样品达到超导状态，具有完全抗磁性，带超导样品的列车模型和下面的磁轭之间就产生了排斥作用，使得列车处于悬浮状态。一旦温度升高，样品失去超导特性，也就没有抗磁性，列车就不能悬浮而落到磁轭表面。

应用实例

超导材料具有的优异特性使它从被发现之日起，就向人类展示了诱人的应用前景。但要实际应用超导材料又受到一系列因素的制约，这首先是它的临界参量，其次还有材料制作的工艺等问题(例如脆性的超导陶瓷如何制成柔细的线材就有一系列工艺问题)。到20世纪80年代，超导材料的应用主要有：①利用材料的超导电性可制作磁体，应用于电机、高能粒子加速器、磁悬浮运输、受控热核反应、储能等；可制作电力电缆，用于大容量输电(功率可达10000MW)；可制作通信电缆和天线，其性能优于常规材料。②利用材料的完全抗磁性可制作无摩擦陀螺仪和轴承。③利用约瑟夫森[①]效

① 布莱恩·约瑟夫森(Brian Josephson，1940—　)：英国物理学家。1962年，约瑟夫森还是剑桥大学的在读研究生，他从理论上作出预言：对于超导体-绝缘层-超导体(S-I-S结)互相接触的结构，只要绝缘层足够薄，超导体内的电子对就有可能穿透绝缘层势垒形成超导电流。约瑟夫森由于预言穿过隧道壁垒的超导电流而获得1973年度诺贝尔物理学奖。

应①可制作一系列精密测量仪表以及辐射探测器、微波发生器、逻辑元件等。利用约瑟夫森结作计算机的逻辑和存储元件，其运算速度比高性能集成电路的快 10～20 倍，功耗只有其四分之一。

① 约瑟夫森效应：S-I-S 结两端不加电压时，结中会有超导电流出现，此电流对磁场很敏感，磁场加大，电流迅速减小；S-I-S 结两端加直流电压时，通过结的电流则是一个交变的振荡超导电流，振荡频率与电压成正比，其值为 2eV/h。

实验四十二 太阳能应用——神舟号飞船仿真模型
(The Application of Solar Energy: Simulate Model of *SHENZHOU* Spacecraft)

仪器介绍

如图 42-1 所示,神舟飞船模型由飞船船体模型和太阳能电池板组成,本仪器是用于演示神舟飞船利用太阳能的原理。

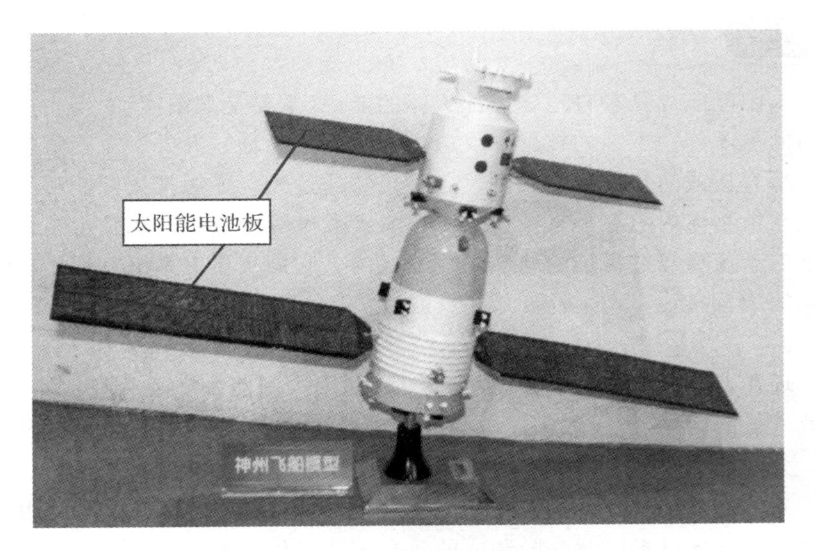

图 42-1 神舟飞船模型

操作与现象

(1)一般情况下请勿随意用手旋转飞船体。连座放到太阳能直射处,该模型就会自动缓慢转动,并发出事先录制好的介绍语句及飞船启动响声,约 20 秒重复一次。

(2)用手或纸遮住电池板,飞船失去电源,语音无声或停止转动。

(3)若不用太阳光,也可用 250W 以上的红外灯或碘钨灯照明电池板,效果一样。

原理解析

某些半导体材料，在光照的情况下可产生电动势，即所谓光生伏特，这种性质称为光敏特性。从能量观点看就是从光能转化为电能，利用这种材料可制作成光伏电池或太阳能电池。单个半导体的电动势很小，可以数个数十个串联，再经并联，就可得有相当功率输出的光电源。

飞船模型中上面一对小的电池板连接作为语音器电源；下面一对大的电池板则用作转动电机电源。当用光照太阳能电池板时，语音装置和转动电机获得动力启动，一旦光照撤去则失去动力停止转动和发声。

知识拓展

太阳能能源是来自地球外部天体的能源(主要是太阳能：太阳内部或者表面的黑子连续不断的核聚变反应过程产生的能量)，人类所需能量的绝大部分都直接或间接地来自太阳。各种植物通过光合作用把太阳能转变成化学能在植物体内贮存下来。煤炭、石油、天然气等化石燃料也是由古代埋在地下的动植物经过漫长的地质年代形成的。它们实质上是由古代生物固定下来的太阳能。此外，水能、风能、波浪能、海流能等也都是由太阳能转换来的。

现在，太阳能的利用还不是很普及，利用太阳能发电还存在成本高、转换效率低的问题，但是太阳能电池在为人造卫星提供能源方面得到了应用。

太阳能主要有太阳能光伏板组件和太阳热能。

光伏板组件是一种暴露在阳光下便会产生直流电的发电装置，由几乎全部以半导体材料(例如硅)制成的薄身固体光伏电池组成。由于没有活动的部分，故可以长时间操作而不会导致任何损耗。简单的光伏电池可为手表及计算机提供能源，较复杂的光伏系统可为房屋提供照明，并为电网供电。

光伏板组件(如图 42-2 所示)可制成不同形状，而组件又可连接，以产生更多电力。近年，天台及建筑物表面均会使用光伏板组件，甚至被用作窗户、天窗或遮蔽装置的一部分，这些光伏设施通常被称为附设于建筑物的光伏系统。

太阳热能：现代的太阳热能科技将阳光聚合，并运用其能量产生热水、蒸汽和电力。除了运用适当的科技来收集太阳能外，建筑物亦可利用太阳的光和热能，方法是在设计时加入合适的装备，例如巨型的向南窗户或使用能吸收及慢慢释放太阳热能的建筑材料。

图 42-2　光伏板组件

太阳能既是一次能源，又是可再生能源。它资源丰富，既可免费使用，又无需运输，对环境无任何污染。

实验四十三　大型扩散云雾室——宇宙射线观察
(Large-sized Diffusion Cloud Chamber: Observation of Cosmic Ray)

仪器介绍

YWS-1大型扩散云雾室(宇宙射线实时探测),如图43-1所示,根据云室的原理,它能用来显示、观察原本人类无法看见和感触到的来自宇宙和地球上的射线的径迹。当每秒钟数目众多的射线的径迹连续不断地展示在人们眼前时,能激发广大学生对于(粒子)物理学的无限想象空间。

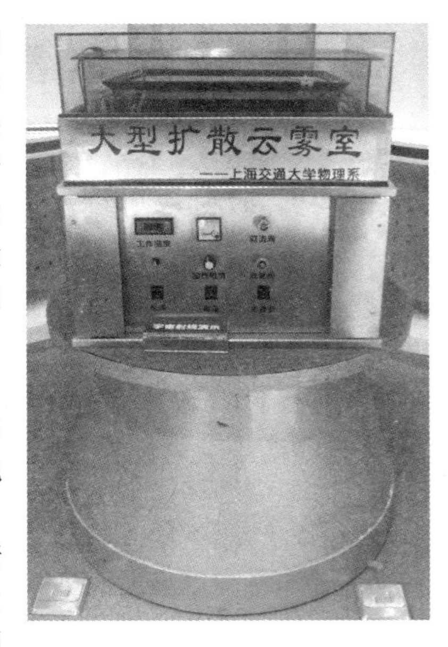

图43-1　大型扩散云雾室

一、探测器

探测器有宽阔的观察视场(46cm×46cm)能方便而直接地用肉眼看到所有带电粒子的运动轨迹以及这些粒子的入射方向。

本仪器最大的特点在于能连续不断地显示仪器所在的自然背景辐射及来自宇宙的和来自地球的自然辐射,由于探测器的工作过程是完全自动的,所以操作简单,且耗能低。

二、技术要求

(1)观察室应有良好的密封性能,保证蒸汽扩散过程十分稳定地达到动态平衡。

(2)尽量减少过饱和蒸汽中非粒子径迹所形成的雾状本底和降低正负离子对复合的概率,电场所加的高电压应达3～6kV。

(3)观察室的低端温度应在30分内达到-40℃以下。

图43-2　控制面板

操作与现象

开启电源，设置合适的工作参数。在仪器的观察屏上，将看到数目众多的射线的径迹连续不断地展现在人们的面前，我们可以根据这些径迹的形状和路径来判断粒子的类型，进而研究各种射线。

原理解析

启动演示装置后，在云雾室里产生一个足够大的温度梯度，使蒸汽(酒精)连续不断地由高温处向低温处扩散，并在低温处产生蒸汽的过饱和状态。当带电粒子射入蒸汽的过饱和层时，则会与蒸汽分子碰撞产生电离，蒸汽分子失去电子而形成正离子，而失去的电子被其他气体分子俘获形成负离子，过饱和的蒸汽分子被吸附在正负离子上，以这些电离的离子为凝结中心，凝成一连串小液滴，当侧面光照时，这些小液滴对光有散射作用，这样从暗背景中便能观察到明亮的粒子径迹。

知识拓展

宇宙射线

1911 年，奥地利物理家赫斯[①]带着电离室在乘气球升空测定空气电离度的实验中，发现电离室内的电流随海拔的升高而变大，从而认定电流是来自地球以外的一种穿透力极强的射线所产生的，于是有人为之取名为“宇宙射线”。

宇宙射线主要是有质子、氦核、铁核等裸质子核组成的高能粒子流，也含有少量中性的 γ 射线和穿过地球的中微子流，由于星际磁场和星际介质的影响，宇宙线粒子在星际空间中经历着复杂的传播过程，这些带电粒子受磁场影响而改变其原本方向。星际磁场就像一个搅拌机，将宇宙线粒子搅拌得各向同性，其中一些最终穿过大气层到达地球。不过，直接探测宇宙线必须在大气层外进行，用卫星或在宇宙空间站上进行探测。因为除中微子外，几乎所有外来的高能宇宙射线在穿过大气层时都要与大气中的氧氮原子核发生碰撞，并使其失去最初的身份而转化出次级宇宙射线粒子。1938 年法国物理学家俄歇(M. P. Auger)发现这些超高能宇宙线的次级粒子又

---

① 维克托·弗郎西斯·赫斯(Victor Francis Hess，1883—1964)：奥地利物理学家，一位气球飞行的业余爱好者，因为发现宇宙射线而获得 1936 年诺贝尔物理学奖。

将有足够能量产生下一代粒子，如此下去，就会在地面产生由电磁级联形成的 μ 子、电子、正电子以及 γ 射线粒子的组合物，这就是所谓的“广延大气簇射”。正是广延大气簇射提供给我们另一种探测宇宙线的手段——测量宇宙线和大气相互作用产生的次级粒子，即所谓间接探测。我国西藏羊八井宇宙射线观察站就是利用广延大气簇射对宇宙线进行探测。依据原初宇宙射线的能量大小和大气簇射产生粒子数目相关的原理，即原初能量越高，次级粒子数目越多，这样就可根据探测到的次级粒子的数目来推知原初粒子能量。

从目前人类探测到的数据可知，宇宙射线的能量约从 109eV 到 1020eV 不等，而迄今为止，人造粒子加速器的最高能量约为 1013eV。也就是说宇宙射线源这个天然高能加速器的能量是北京正负电子对撞机的一百亿倍。科学家们困惑，天体上什么机制能使粒子达到 1020eV 的这样高的能量。今天，人类虽然不能准确说出宇宙射线是由什么地方产生的，但它们无偿地为地球带来了日地空间环境的宝贵信息。宇宙射线是至细至微的物质粒子，但其揭示和反映的却是最宏大的宇宙的信息。如此，犹如印度神话中那条头尾相衔的蛇，预示着一个“生生不息”“循环”的宇宙世界。

实验四十四　等离子球——魔灯
（Plasma Ball：A Magic Lamp）

仪器介绍

如图 44-1 所示，等离子球：又称为电子魔球、魔灯、闪电球、辉光球等。球体发出的负离子具有净化空气的作用。外观为高强度玻璃球壳，球内充有稀薄的惰性气体，玻璃球中央有一个黑色球状电极。球的底部有一块震荡电路板，通过电源变换器，将低压直流电转变为高压高频电压加在电极上。

图 44-1　辉光球

操作与现象

开启电源后，可以看到一些辐射状的辉光，绚丽多彩，光芒四射。当用手触及球时，光线在手指的周围处变得更为明亮，产生的弧线顺着手的触摸移动而游动扭曲。如图 44-2 所示。

图 44-2　开启之后的辉光球

原理解析

在通常情况下,气体中的自由电荷极少,是良好的绝缘体。但在某些外界因素(如紫外线、X射线以及放射线的照射、强电场或者气体加热等)的作用下,气体分子可发生电离,气体中出现电子和离子,这时在外电场作用下,电子和离子作定向漂移运动,气体就导电。电流通过气体,我们称之为“气体放电”。“气体放电”的形式很多,如火花放电、弧光放电等,即是气体在常压下放电。而“等离子球”是低压气体(或叫稀疏气体)在高频强电场中的放电现象。

对辉光球通电后,震荡电路产生高频电压电场,球内稀薄气体将会在高频电场的电离作用呈现不断激发、碰撞、电离、复合的物理过程。由于电极上电压很高,故激发所产生的光是一些辐射状的辉光,绚丽多彩,光芒四射。玻璃球内所充的气体不同,球内压强不同(即不同的真空度),所产生的辉光的颜色也不同。在自然界中这种现象也是存在的,北极光就是一种辉光,它是位于海平面以上800～1000公里的高空的气体,由于受到外界空间高速粒子的轰击,而发出的冷辉光所形成的极光束。

辉光球工作时,在球中央的电极周围形成一个类似于点电荷的场,玻璃球壳可以看做一个大致均匀的电极。一般情况下,辉光大致是辐射状均匀分布的。而当用手(人与大地相连)触及球时,球周围的电场、电势分布不再均匀对称,因此光线在手指的周围处变得更为明亮,产生的弧线顺着手的触摸移动而游动扭曲。同样地,辉光盘(如图44-3所示)和辉光球是一样的原理,在内部结构上是相同的,只是在外壳上有所不同,因此呈现的辉光形状分布也不同。

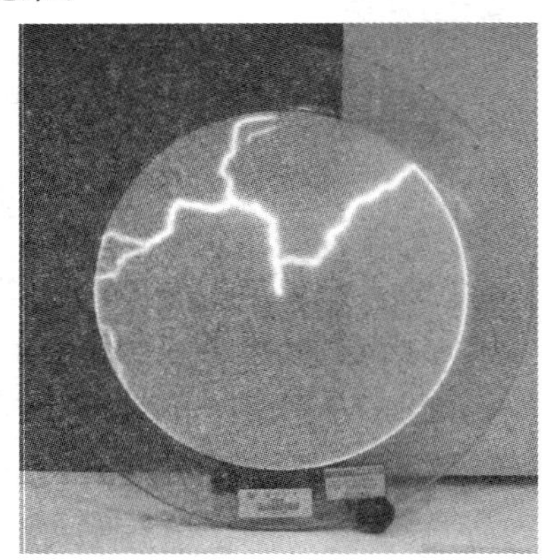

图44-3　辉光盘

应用实例

在日常生活中,低压气体中显示辉光的放电现象,也有广泛的应用。例如,在低压气体放电管中,在两极间加上足够高的电压时,或在其周围加上高频电场,就使管内的稀薄气体呈现出辉光放电现象,其特征是需要高电压而电流密度较小。辉光的部位和管内所充气体的压强有关,辉光的颜色随

气体的种类而异。荧光灯、霓虹灯的发光都属于这种辉光放电。

霓虹灯，即氖灯。是一种冷阴极放电管，把直径为12～15mm的玻璃管弯成各种形状，管内充以数毫米汞柱压力的氖气或其他气体，每1米加约1000V的电压时，根据管内的充气种类，或管壁所涂的荧光物质而发出各种颜色的光，多用此作为夜间的广告等。若把电容器接在霓虹灯两极上，则可做成时亮时灭的霓虹灯广告。电容器的电容大，亮灭循环的时间长；电容器电容小，则亮灭的时间较短。霓虹灯需要电压较高。灯管越细越长，需要的电压就越高。

日光灯，亦称"荧光灯"。一种利用光质发光的照明用灯。灯管用圆柱形玻璃管制成，实际上是一种低气压放电管。两端装有电极，内壁涂有钨酸镁、硅酸锌等荧光物质。制造时抽取空气，充入少量水银和氩气。通电后，管内因水银蒸气放电而产生紫外线，激发荧光物质，使它发出可见光，不同发光物质产生不同颜色。

还有一种是氙灯，氙灯是一种高辉度的光源。它的颜色成分与日光相近故可以做天然色光源、红外线、紫外线光源、闪光灯和点光源等，应用范围很广。其构造是在石英管内封入电极，并充入高压氙气而制成的放电管。在稀有气体中，氙的原子序数大，电离电压低，容易产生高能量的连续光谱，并且因离子的能量小，电极的寿命长达数千小时。

实验四十五　三相旋转磁场
(Three Phase Rotating Magnetic Field)

仪器介绍

如图 45-1 所示，在底座内的定子有三个线圈绕组，可以通三相交流电形成旋转磁场。

图 45-1　三相旋转磁场

操作与现象

(1)打开电源开关，给三对线圈以 380V 交流电，先将一个钢球放入磁场中心，观察其转动情况，会观察到钢球逆时针自转。

(2)放入另一个钢球，观察两个钢球转动的情况，会观察到两个小钢球不断地合拢与分开。

(3)实验结束，定时器将自动关闭电源。

原理解析

定子有三个线圈绕组，接通电源后，在绕组中有对称的三相电流流过("对称"是指各相电流的幅值相等，相位差为 120°)，三对线圈通以交流电后产生旋转磁场，金属球在旋转磁场中发生电磁感应产生涡流。

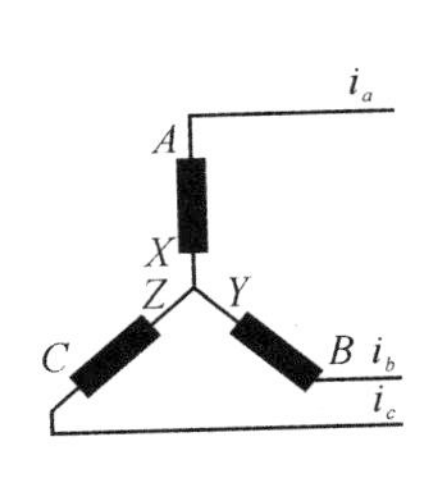

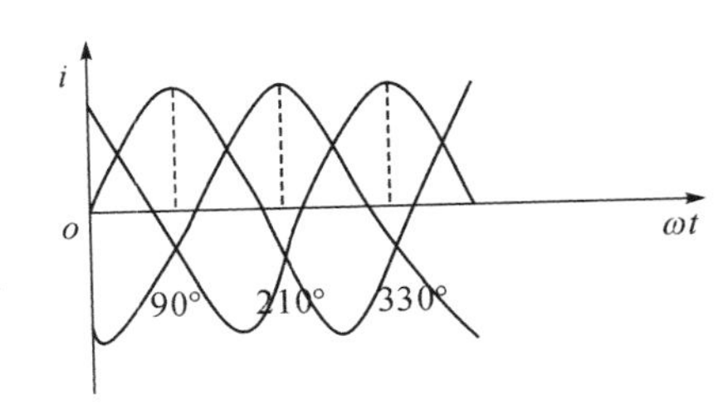

$i_A = i_a\sin\omega t$,　　$i_B = i_a\sin(\omega t - 120°)$,　　$i_C = i_a\sin(\omega t - 240°)$,

图 45-2　各相电流随时间变化的曲线和向量图

这三个相位不同的变化电流感应在定子中心产生的磁场有下列关系：

$B_A = B_m \sin \omega t(0 + j)$

$B_B = B_m \sin(\omega t - 120°)(i\cos 30° - j\sin 30°)$

$B_C = B_m \sin(\omega t - 240°)(-i\cos 30° - j\sin 30°)$

则合成的磁场为三者的矢量和，即

$B = B_A + B_B + B_C = 3B_m(-i\cos \omega t + j\sin \omega t)/2$

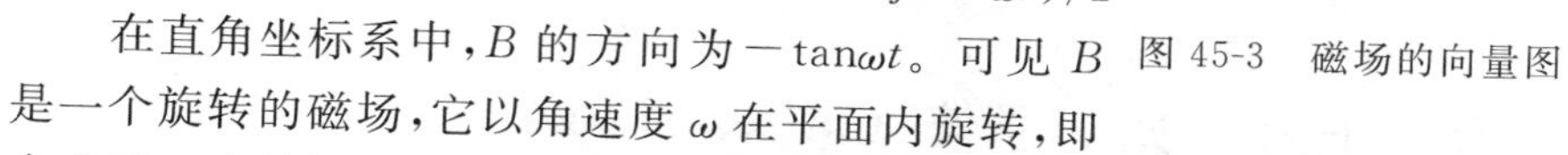

图 45-3　磁场的向量图

在直角坐标系中，B 的方向为 $-\tan\omega t$。可见 B 是一个旋转的磁场，它以角速度 ω 在平面内旋转，即合成了一个旋转磁场，以三相交流电频率 ω 旋转。因此放入两个钢球后，两个钢球相当于两个转子，旋转磁场切割转子导体，使转子产生感应电流，再由感应电流产生力矩，其方向同旋转磁场。若两个小球被同相磁极磁化，则会产生排斥分开；被异相磁极磁化则会相互吸引，由于三相磁场方向的不断变化，实验中会观察到两个小钢球不断地合拢与分开。

应用实例

三相异步电动机中就有旋转磁场，是电能和转动机械能之间相互转换的基本条件。

第四章
光学演示实验

实验四十六　光纤通信(Optical Fiber Communication)

仪器介绍

如图 46-1 所示,系统由信号调制器电源、信号解调器、半导体激光器、光电耦合器以及光纤构成。

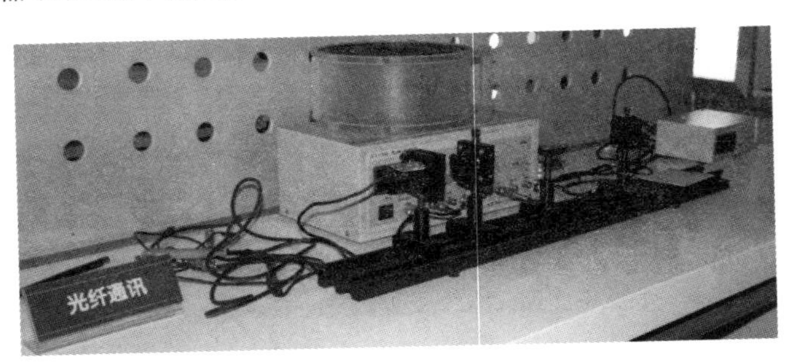

图 46-1　光纤通信演示仪

操作与现象

将激光器连接到信号调制器的输出端口,并将激光器固定在轨道上;用光纤刀将光纤两端的端口切平整,分别固定在光纤支架上;打开信号调制器电源,调整激光器的方向,使之与光纤一端正对,调整凸透镜的位置,使激光束聚焦在光纤的断口上,以另一端是否有明亮的激光射出为判断依据;调整光纤另一端的方向和光电耦合器正对;光电耦合器连接到信号解调器的输入端口;打开信号解调器,改变信号调制器上的信号源,微调光纤两个端口的耦合情况,可以在信号解调器的音箱中听到相应的声音,实现光纤通信。

原理解析

1. 光纤

要想弄清楚光纤是如何通信的，首先要知道什么是光纤？

光纤是光导纤维的简写，是一种利用光在玻璃或塑料制成的纤维中的全反射原理而达成的光传导工具。实际上就是一根很细的高折射率的玻璃丝，外面包了一层低折射率的硅玻璃包层，最外面是加强用的树脂涂层。如图 46-2 所示。

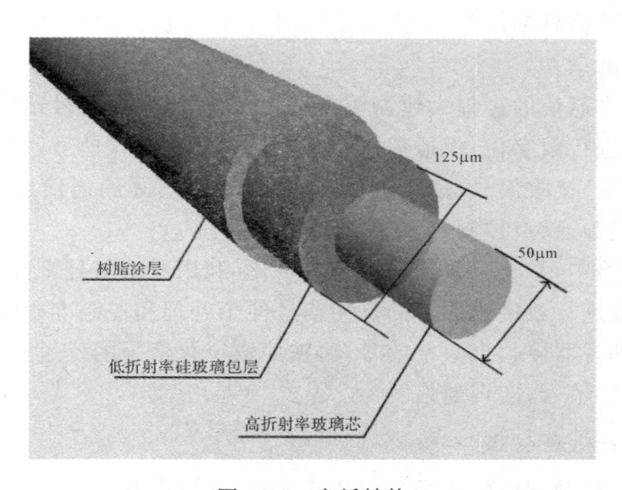

图 46-2　光纤结构

光纤能够工作的基本原理是光的全反射。通常光线穿过两种介质时，从第一种介质照射到界面上，一部分光线透过界面进入第二种介质中，方向发生一定偏折，称为折射；而一部分会反射回第一种介质，反射光线符合反射定律，折射光线符合折射定律，折射角与入射角以及两种介质的折射率的关系由惠更斯①原理确定。光线从折射率较高的介质射向折射率较低的介质时，入射角存在一个临界值，称为临界角，当入射角大于临界角时，折射光线消失，所有的光线全部反射回入射介质，称为全内反射。

光纤正是利用了光的全内反射实现的，光线以一个特定角度进入光纤，

① 克里斯蒂安·惠更斯(Christiaan Huygens，1629-1695)：荷兰物理学家、天文学家、数学家，他是介于伽利略与牛顿之间一位重要的物理学先驱。在关于光的本性的争论中，惠更斯主张的是波动说。他关于光的波动说观点都集中反映在 1690 年出版的《光论》一书中，该学说的核心就是“惠更斯原理”。

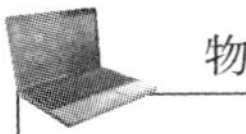

在光纤内芯中多次全反射,从而实现光路连通,如图 46-3 所示。

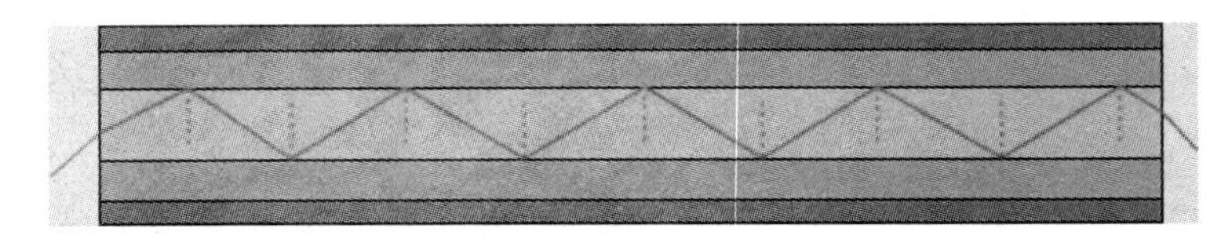

图 46-3　光纤内部光路

2. 通信

通信就是信息的传递,是指由一地向另一地进行信息的传输与交换,其目的是传输消息。

一般来讲通信的过程大致需要由以下六部分组成:信号预处理(数字传输要对信号进行数字化,模拟传输要对信号进行放大)、信号调制、信号通过传输媒介传输、接收信号、信号解调、信号处理。实际的通信还涉及信息的加密、信息校验、噪声控制等等。

在本实验中,是将音频信号进行数字化,利用数字信号来控制激光器的输出,对信息进行数字化的目的是使信号便于处理和控制准确性,经过光纤传输,光电耦合器接收到数字信号,再按照数字化信号的反过程将信号还原为最初的音频信号,实现通信。

3. 用光纤做通信媒介

事实上,对调制后的信号进行传输,可以通过电线、电磁波(长波、短波、微波等)以及光纤等方式来实现。

光纤通信最初实现的困难是损耗太大。直到 1960 年,美国科学家梅曼①发明了世界上第一台激光器后,为光通讯提供了良好的光源。随后二十多年,人们对光传输介质进行了攻关,终于制成了低损耗光纤,从而奠定了光通讯的基石。从此,光通讯进入了飞速发展的阶段。

知识拓展

光纤传输有许多突出的优点:①频带宽:频带的宽窄代表传输容量的大小。载波的频率越高,可以传输信号的频带宽度就越大。尽管由于光纤对不同频率的光有不同的损耗,使频带宽度受到影响,但在最低损耗区的频带

① 西奥多·哈罗德·梅曼(Theodore Harold Maiman,1927—2007):美国物理学家,1960 年制造了世界上第一台红宝石激光器。

宽度也可达30000GHz。采用先进的相干光通信可以在30000GHz范围内安排2000个光载波，进行波分复用，可容纳上百万个频道。②损耗低：光导纤维的损耗比同轴电缆的功率损耗要小一亿倍，如此一来能传输的距离要远得多。③重量轻：因为光纤非常细，加之光纤是玻璃纤维，比重小，使它具有直径小、重量轻的特点，安装十分方便。④抗干扰能力强：因为光纤的基本成分是石英，只传光，不导电，不受电磁场的作用，因而在其中传输的光信号也不受电磁场的影响，故光纤传输对电磁干扰、工业干扰有很强的抵御能力。也正因为如此，在光纤中传输的信号不易被窃听，因而利于保密。⑤保真度高：因为光纤传输一般不需要中继放大，不会因为放大引入新的非线性失真。只要激光器的线性好，就可高保真地传输电视信号。⑥工作性能可靠：通常，设备越多，发生故障的机会越大。因为光纤系统包含的设备数量少，可靠性自然也就高，加上光纤设备的寿命都很长，无故障工作时间达50万～75万小时，其中寿命最短的是光发射机中的激光器，最低寿命也在10万小时以上。⑦成本不断下降：由于制作光纤的材料（石英）来源十分丰富，随着技术的进步，成本还会进一步降低；而电缆所需的铜原料有限，价格会越来越高。

正因为这些优点，光纤的用途很多。比如，多股光导纤维做成的光缆可用于通信，它的传导性能良好，传输信息容量大，一条通路可同时容纳数十人通话；可以同时传送数十套电视节目，供自由选看。

光导纤维内窥镜可导入心脏和脑室，测量心脏中的血压、血液中氧的饱和度、体温等。用光导纤维连接的激光手术刀已在临床应用，并可用作光敏法治癌。

光导纤维可以把阳光送到各个角落，还可以进行机械加工。

计算机、机器人、汽车配电盘等也已成功地用光导纤维传输光源或图像。如与敏感元件组合或利用本身的特性就可做成各种传感器，用于测量压力、流量、温度、位移、光泽和颜色等。在能量传输和信息传输方面也获得广泛的应用。

实验四十七 光学幻影

——“看得见，摸不着”

（An Optical Illusion：Visible and Untouchable）

仪器介绍

如图 47-1 所示，即为光学幻影演示仪。

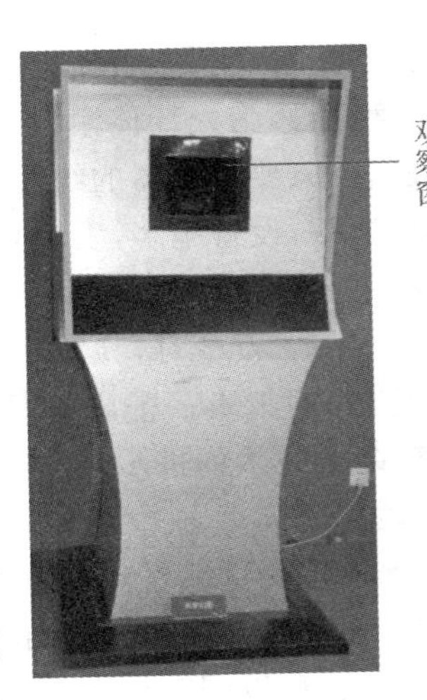

图 47-1 光学幻影演示仪

操作与现象

接通电源后，通过观察窗（图 47-1 所示）可以看见一条游动的金鱼，用手触摸金鱼，发现并没有实物；移近或远离窗口，观察现象的变化。

原理解析

如图 47-2 所示，将物体 A 置于凹面镜的曲率中心——C 点下方，则物体发出的光通过凹面镜反射将汇集于光轴 C 点的上方等距处，形成与物等大的倒立实像A'。观察者只要使A'离眼的距离大于近点，在凹面镜孔径角 ω 的反射范围内进行观察，就可以看到栩栩如生的实物景象，其三维立体感、视差及反差等视觉特性如同观察实际物体完全一样。

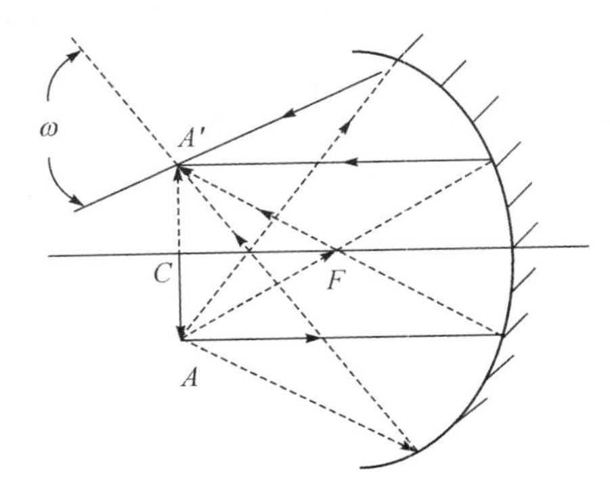

图 47-2 凹面镜成像

实验四十八　偏振光实验(Polarized Light Experiment)

仪器介绍

偏振光演示仪如图 48-1 所示。内部光路:光源──→起偏器──→透明彩色蝴蝶图案──→检偏器。其中检偏器通过旋钮可以 360°旋转。

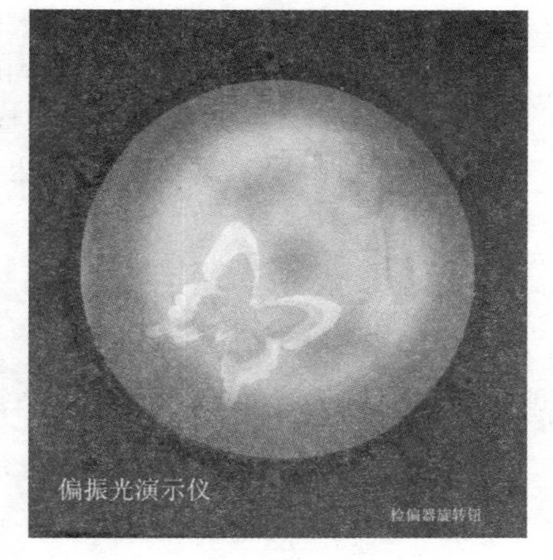

图 48-1　偏振光演示仪

操作与现象

开启电源开关,看到一只彩色蝴蝶,当检偏器旋钮向某一方向转动时,彩色蝴蝶的亮度会发生改变,旋转一周,出现两次最亮和两次最暗。

原理解析

如图 48-2 所示,当一束线偏振光通过检偏器,其光强为 I_0,振动方向与检偏器的透射方向成 θ 角,则检偏器的透射光强为:

$$I_\theta = I_0 \cos^2\theta \tag{48-1}$$

式(48-1)表达了线偏振光通过检偏器后的透射光强强度随 θ 角变化的规律,即马吕斯①定律。

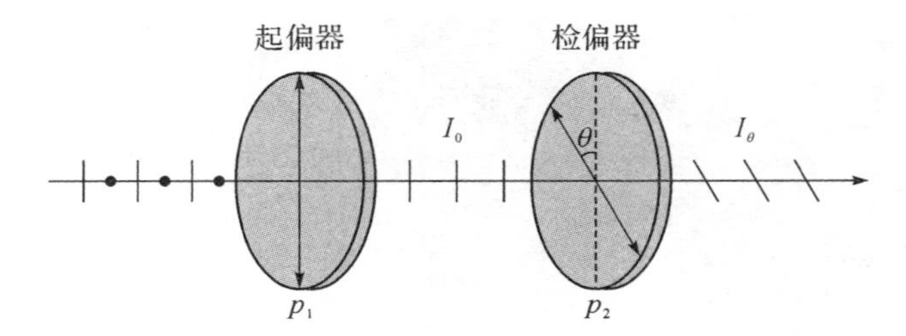

图 48-2　马吕斯定律示意

① 艾提安·路易斯·马吕斯(Etienne Louis Malus 1775—1812):法国物理学家及军事工程师。马吕斯主要从事光学方面的研究。1808 年发现反射光的偏振,确定了偏振光强度变化的规律(即马吕斯定律)。

当旋转检偏器时，彩色蝴蝶的光能透过率在发生改变，旋转一周时，检偏器与起偏器的透射方向有两次平行，即光能最大；两次互相正交，即光能最小。

知识拓展

人造偏振片有多种，其中一种的制定方法是将具有网状结构的聚乙烯醇高分子化合物薄膜作为片基，把它浸入碘液中，再经过硼酸水溶液还原稳定后，再把它定向拉伸4～5倍，使大分子定向排列。经拉伸后，使高分子材料由网状结构变成线状结构，碘分子则会整齐地被吸附在该薄膜上而具有起偏或检偏性能，这种偏振片偏振度高，可达99.5%，适用于整个可见光范围。

实验四十九　旋光色散(Rotatory Dispersion)

仪器介绍

如图 49-1 所示，仪器由白光源、起偏器、滤色片、容器以及检偏器构成。

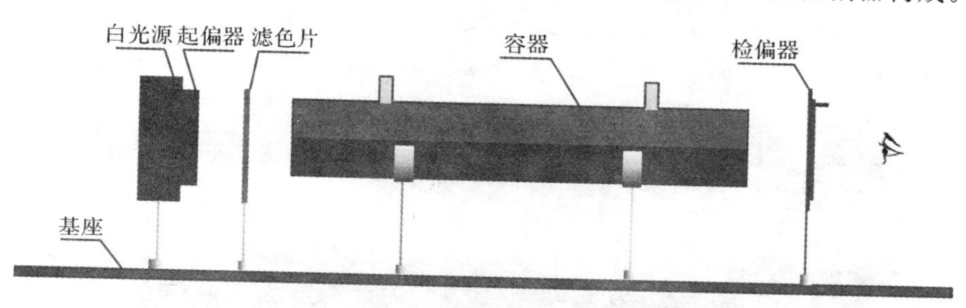

图 49-1　仪器结构图

操作与现象

打开白光光源，在滤色片位置选择安装三种滤色片中的一种，在图 49-1 眼睛的位置顺着光轴的方向进行观察，慢慢旋转检偏器，注意观察容器上半部分和下半部分的颜色变化与区别。随着检偏器的角度变化，会依次看到图 49-2 所示的各种情况。

图 49-2　观察窗内图像变化

原理解析

实验采用的白光光源是一种非常复杂的复色光。从波长来看，其包含了很宽的一段波段，从红外到可见光再到紫外都包含在其中。从波动性来看，其振荡的方向也是非常复杂的，由各种方向的线偏振光和圆偏振光杂乱无章地随机合成。(图 49-3 中的节点 1)

起偏器是一种光学器件，它选择性地透过其偏振面平行于起偏器透射轴的光，偏振面垂直于透射轴的光被吸收或反射而被阻断。白光经过起偏器后，剩下了单一振动模式的光，即振动方向平行于起偏器的透射轴的部

分,当然依然包括各种波长的光。(图 49-3 中的节点 2)

滤色片是另外一种光学器件,是一种有色透明材料,只能使和滤色片本身颜色一样的光透射过去,而其他颜色(波长)的光则被反射或者吸收而无法透过。经过了起偏器又经过了滤色片后的光,成了单一振动模式、单一颜色(波长)的光,姑且称为“单模单色光”。(图 49-3 中的节点 3)

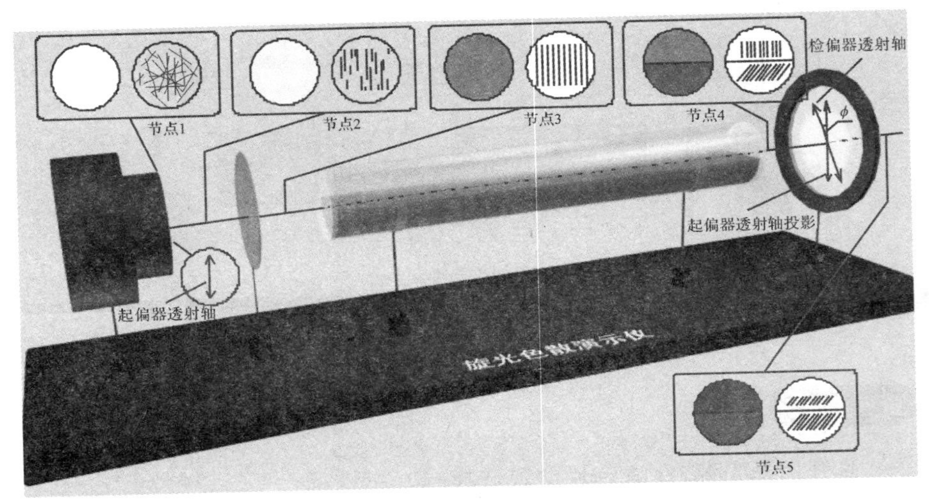

图 49-3 仪器的立体模型及各节点特性

先不考虑中间的试样容器,“单模单色光”到达检偏器(另一片与起偏器一样的偏振片)。检偏器镶嵌在支架上,可以绕轴自由旋转,它自身也有一个透射轴,随着检偏器的旋转而旋转。可以找到这样一个位置,使其透射轴的方向与起偏器的透射轴平行,根据偏振片的属性,“单模单色光”可以最大程度地得以通过。而偏离了这个角度,则“单模单色光”的透过率就会随着两轴的投影夹角(图 49-3 中的 φ)的变大而变小,直到这一投影角为 90°,即两轴投影正好互相垂直时,理论上可以完全消光(透光率为 0),而实际上由于制作工艺远达不到理论模型这么精确,所以完全消光的可能性很小,只能达到透光率相对最低。继续增大投射角,透光率又会逐渐上升,直到投影角为 180°,即又重合时,透过率又会达到最大值。整个过程可以从图 49-2 中每个图像的上半部或者下半部清楚地观察到。

前面的讨论没有考虑安装在滤色片与检偏器之间的圆筒状试液容器以及装在容器中的半部体积的试液。情形还是有点复杂,那再分解开来考虑,先考虑空的容器。在光轴方向,光透过了容器的两端的容器壁——两片均匀的玻璃片,发生了什么?光的振动面有没有发生旋转或者光的波长、强度

是否发生了变化？通过我们的观察，会发现从视窗中看来还是红色的(前面放了红色的滤色片)，波长应该没有发生变化或者是发生了变化而我们的眼睛没有办法区分出这种变化。振动面有没有发生旋转？通过观察，我们无法得出结论。但强度很明显是变暗了，用常识可以知道，光通过玻璃肯定一部分发生了反射一部分发生了透射。究竟衰减了多少呢？应该并不重要，因为有一点是肯定的：无论波长是否发生了变化、强度是否衰减又或者振动面发生了旋转与否对于我们装入试液后的上下半部分的影响是相同的，并不影响我们分析光通过空气和蔗糖溶液发生的变化。

再来考虑装入蔗糖溶液后的情形。通过观察我们可以发现，装入试液后，检偏器视窗里的图像由液面位置产生了分界线，上半部分和下半部分的亮度有明显差别，这种现象说明：光通过试液后某些属性发生了变化(如图49-3 中的节点 4)。波长是否产生变化？将检偏器取下，直接去观察透过试液的现象，发现上半部分和下班部分颜色是一样的。可见通过试液并没有使光的波长发生变化。那么强度是否发生变化？同样是将检偏器取下，发现上半部分和下半部分的亮度是略有差别的(图 49-3 中的节点 4)。因为不同的媒介对光的透过率都不相同，所以亮度略有差异，但这一原因并不能解释图像亮度随着检偏器的转动而发生周期性变化这一事实。那发生变化的就是光的振动平面了。“单模单色光”通过蔗糖溶液后振动平面发生了一定角度的旋转，通过检偏器自然会发生我们看到的现象了。(图 49-3 中的节点 5)这一现象完备地证明了蔗糖溶液的一种属性：旋光性。

扩展阅读

旋光性，又称“光活性”。分子的旋光性最早是在 1847 年由巴斯德①发现。他发现酒石酸的结晶有两种相对的结晶型，成溶液时会使光向相反的方向旋转，因而定出分子有左旋与右旋的不同结构。

旋光性的研究经过近百年很多科学家的艰苦卓绝的不断努力，神秘面纱慢慢被揭开。

① 路易斯·巴斯德(Louis Pasteur，1822—1895)：法国微生物学家、化学家。他研究了微生物的类型、习性、营养、繁殖、作用等，奠定了工业微生物学和医学微生物学的基础，并开创了微生物生理学。

凯库勒[①]把碳原子的4个价键统统画在同一个平面内，这并不一定是因为碳键确实是这样排列的，而只是因为把它们画在一张平展的纸上比较简便而已。范托夫[②]和勒贝尔[③]则提出了一个三维模型。在这个模型中，他们将4个价键分配在两个互相垂直的平面内，每个平面各有两个价键。描绘这一模型的最好办法，是设想4个价键中的任意3个价键作为腿支撑着碳原子，而第4个价键则指向正上方。如果假定碳原子位于正四面体(4个面都是正三角形的几何图形)的中心，那么，这4个价键就指向该正四面体的4个顶点。因此，这个模型被称之为碳原子的正四面体模型。

同碳原子的4个价键连接的4个原子中至少有两个是完全相同的话，那么，就只能有一种排列方式。然而，当连接在碳键上的4个原子都不相同时，总是得到两种不同的、互为镜像的结构，如图49-4所示。一种使偏振光右旋，另一种使偏振光左旋。越来越多的证据有力地支持了范托夫和勒贝尔的碳原子正四面体模型。

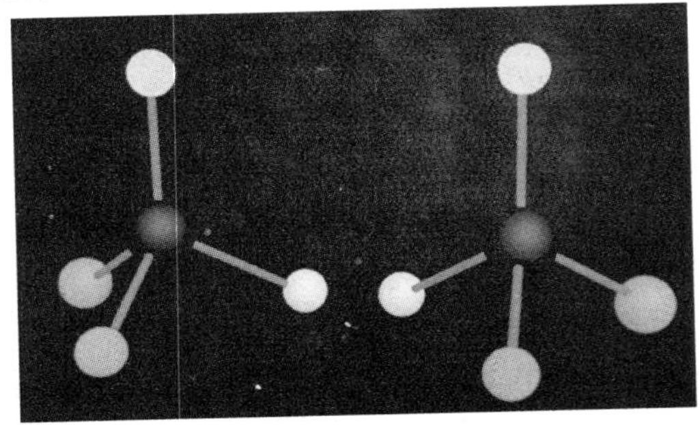

图49-4　正四面体对称模型

为了向化学家们提供用以区分右旋物质和左旋物质的参照物或对比标准，德国化学费歇尔[④]选择了糖的近亲，即称之为甘油醛的简单化合物。它是当时研究得最为透彻的旋光性化合物之一。他任意地将它的一种形态规定为是左旋的，称之为L甘油醛，而将它的镜像化合物规定为是右旋的，称之

① 弗里德里希·奥古斯特·凯库勒(Friedrich August Kekulé，1829—1896)：德国有机化学家。他主要研究有机化合物的结构理论。凯库勒在梦中发现了苯的结构简式，被称为一大美谈。

② 雅各布斯·亨里克斯·范托夫(Jacobus Henricus van't Hoff，1852—1911)：荷兰化学家。1901年由于发现了溶液中的化学动力学法则和渗透压规律以及对立体化学和化学平衡理论作出的贡献，成为第一位获得诺贝尔化学奖的获得者。

③ 约瑟夫·勒贝尔(Joseph Achille Le Bel，1847—1930)：法国化学家。

④ 埃米尔·费歇尔(Emil Fischer 1852—1919)：德国化学家。19世纪下半叶和20世纪之初，在有机化学领域中，德国的费歇尔是最知名的学者之一。他发现了苯肼，对糖类、嘌呤类有机化合物的研究取得了突出的成就，因而荣获了1902年的诺贝尔化学奖。

为D甘油醛(图49-5)。

任何一种化合物，只要能用适当的化学方法证明它具有与L甘油醛类似的结构，那么，不管它对偏振光的作用是左旋的还是右旋的，都被认为属于L系列，并在它的名称前冠以L。后来发现，过去认为是左旋形态的酒石酸原来属于D系列，而不属于L系列。现在，凡在结构上属于D系列而使光向左转动的化合物，就在它的名称前面冠以D。

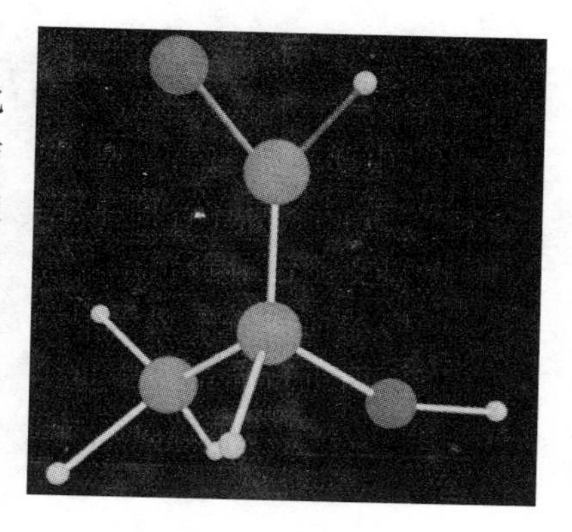

图49-5 D甘油醛

实验五十　激光倍频(Laser Frequency Doubling)

仪器介绍

如图 50-1 所示，为激光倍频演示仪。

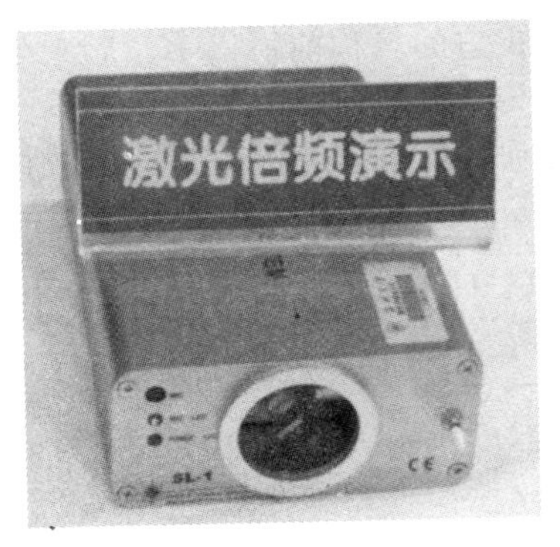

图 50-1　激光倍频演示仪

操作与现象

打开电源，调整电流大小改变激光强度。调整激光器前端透镜聚焦。

原理解析

根据量子理论，原子中电子在能级跃迁时，会发射或吸收一个频率为 ν 的光子。若入射光强度足够大，可出现一次吸收 2 个或多个光子的情况。当电子再从能级跃回，发射的电子的频率增加一倍，这就是光学倍频。其过程如图 50-2 所示。

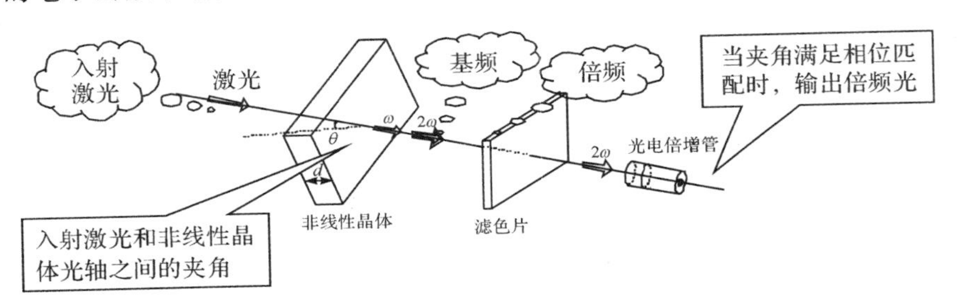

图 50-2　激光倍频原理

本实验利用氙灯光泵激励下发射 1.064μm 的红外激光，通过按特定方向切割的碘酸锂晶体，出射时除了有 1.06μm 的红外激光外，还有波长为 0.532μm 的绿光(频率为红光的一倍)。

实验五十一 留影板(A Shadowing Plate)

仪器介绍

留影板如图 51-1 所示,由暗室、闪光灯、荧光涂层三部分构成,荧光涂层处于暗室的底部,闪光灯处于暗室的顶部,正对荧光涂层,暗室的正面开有观察窗和样品孔。

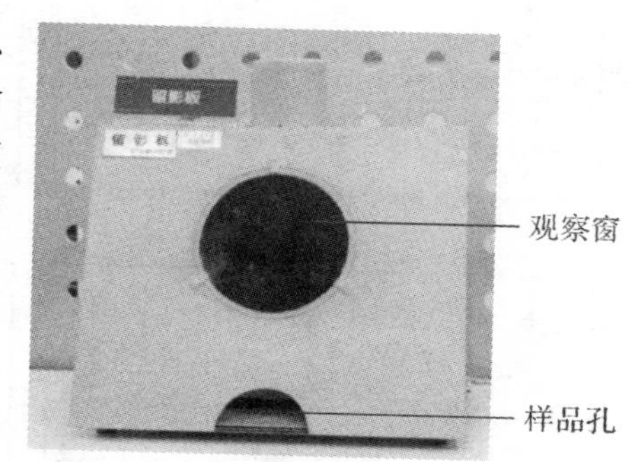

图 51-1

操作与现象

(1)将需要拍摄的样品从样品孔伸入暗室,放置在荧光涂层上。

(2)在确保没有观察者直视观察窗的前提下,触发闪光灯。

(3)将被摄样品从样品孔取出,通过观察孔进行观察,可见荧光涂层整体发出微弱的绿色荧光,只有被样品遮挡过的区域呈现黑色,黑色区域即被摄样品留下的影像。

原理解析

留影板实现的关键在于荧光涂层是一种被称为“长余辉材料”的物质。长余辉材料是光致发光材料的一种,其激发源是光能,可以由任何一种自然光提供,包括日光、灯光等等。

长余辉材料的发光原理是:在材料的制备过程中,通过在一种稳定的基质中掺杂特定元素形成发光元和陷阱元,当受到外界光照激发时,发光元的基态电子接受能量跃迁到激发态,当这些电子从激发态跃迁回基态时,形成发光。而并非所有的电子被激发后都马上可以跃迁回基态,部分电子被激发后,被均匀分布在基质中的陷阱元所俘获,后又随着环境温度的变化和热运动的原因从陷阱元中挣脱,逐渐跃迁回基态。这一过程可以维持几十分钟乃至几十个小时,就形成了长余辉(如图 51-2 所示)。

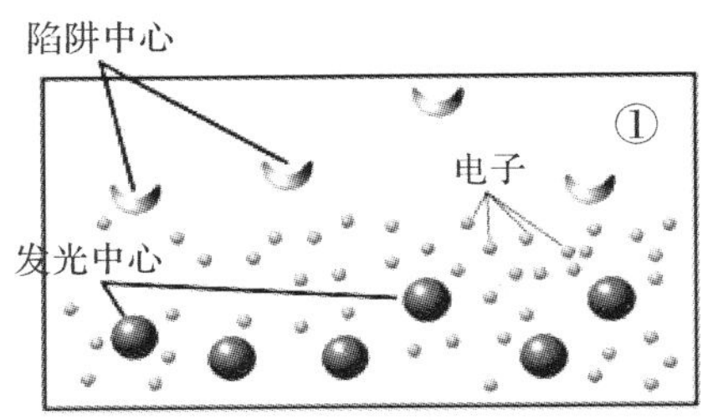

原始状态

② 受外界光照电子跃迁被陷阱中心俘获

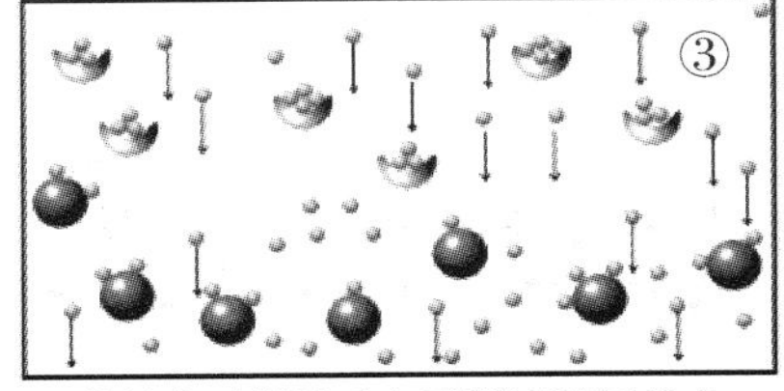

外界光照撤销后电子跃迁迁回基态撞击发光中心

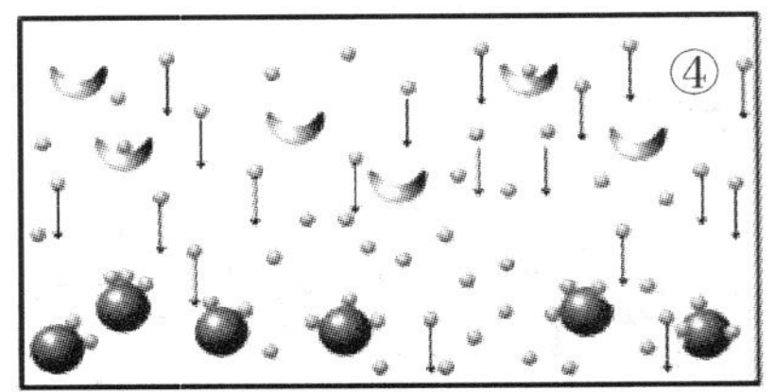

受温度影响被陷阱中心俘获的电子逐渐跃迁回基态撞击发光中心导致持续发光

图 51-2　长余辉材料的发光原理

知识拓展

传统的夜光粉有两大类：硫化物型和放射线激发型。

硫化物型包括 ZnS、CaS 等，这类材料化学性能相对而言不太稳定，在水分和紫外线的作用下容易水解或光解，余辉时间一般在二三个小时，使用寿命也较短。

放射线激发型是以掺入材料内的放射性物质发出的辐射能量为激发源，激发发光中心而发光。这类材料由于含有放射性物质而对环境和人类健康有害，已被大部分国家明令禁止使用。

新型的长余辉发光材料是 20 世纪 90 年代被发现的，它完全不同于传统的硫化物型和放射线激发型夜光材料，不含任何有害元素，性能稳定，余辉时间长。这种材料以铝酸盐陶瓷材料为基质，以稀土材料为形成发光中心和陷阱中心的掺杂元素，具有良好的夜间显示功能。

由于长余辉材料具有自身不会消耗电能，而是储存环境光，在黑暗环境中缓慢释放的特性，所以被广泛用于安全应急、交通运输、建筑装潢、仪器仪表等冷光源应用领域。

实验五十二 红绿立体图(Red-green Stereo Map)

仪器介绍

红绿立体图如图 52-1 所示。

图 52-1 红绿立体图

操作与现象

用眼睛直接观察立体图,可以看到一幅有红色、绿色而且有重影不是很清楚的图像。戴上特制的观察眼镜,再次观察图片,刚才看到的重影不见了,取而代之的是一幅非常具有立体感的图像,能非常清楚地感觉到图像的前后层次。

原理解析

我们人类的眼睛在观察一个三维物体时,由于两眼水平分开在两个不同的位置上,所观察到的物体图像是不同的,它们之间存在着一个像差,由于这个像差的存在,通过人类的大脑,我们可以感到一个三维世界的深度立体变化,这就是立体视觉原理(图 52-2)。

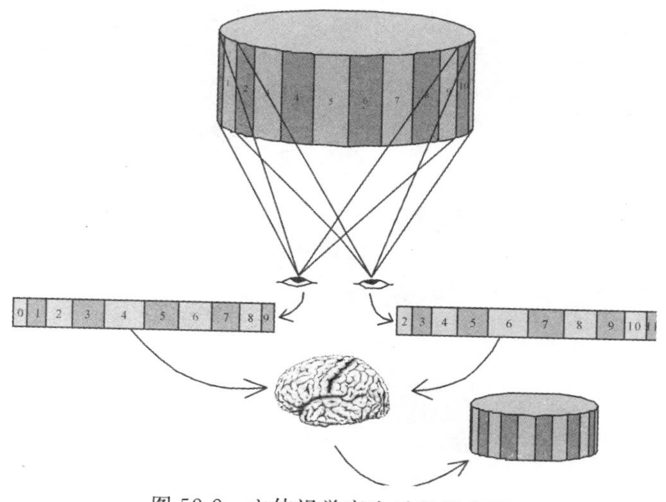

图 52-2 立体视觉产生过程示意图

而平面呈现立体图的显示原理就是要通过某种手段使得进入两只眼睛的图像正好能合成一幅立体的图像。实现立体显示主要有两种方法，即两向显示法和多向显示法。两向显示法又可分为立体镜法、双色滤色片法、偏光滤色片法及交替分割法，无论采取哪种方法，都是利用两眼视差、左右眼分别观察图像而获得立体视觉的。

红绿立体图采用的双色滤色片法，即先确定观察角度，在对应于两只眼睛的位置分别架设照相机，分别在镜头上加装红色和绿色滤色片，拍摄出对应于两只眼睛的图像，将两张图像用计算机手段重叠在一起，印刷在一张纸上即成了红绿立体图。观察的时候佩戴专用的观察眼镜，镜片对应于两只眼睛也是由红色和绿色滤光片制作，由于滤色片和对应的油墨图像互成补色，两张图片就对应地分别进入了两只眼睛，从而产生了立体视觉。

实验五十三　光栅立体图(Grating Stereo Map)

仪器介绍

光栅立体图,如图 53-1 所示。

图 53-1　光栅立体图

操作与现象

观察者以上下大约 30°视角以内观察光栅立体图。随着观察者从不同的水平方向观察,可以看到不同的图像(如图 53-1、图 53-2 所示)。

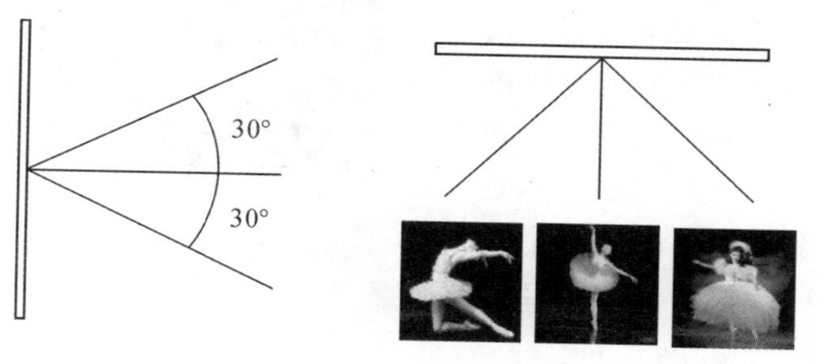

图 53-2　竖直方向的观察角度及不同水平方向的不同图像

原理解析

立体图像是指在平面媒体上显现出栩栩如生的立体世界,打破了传统

平面图像的一成不变，为人们带来了新的视觉感受。手摸上去是平的，眼看上去是立体的，有突出的前景和深邃的后景，景物逼真。

光栅立体图是结合数码科技与传统印刷输出的技术，用一组序列的图像去构成一张图片，图片表面覆盖着一层光栅薄膜而构成（图 53-3）。序列图像合成的过程如图 53-4 所示。

A	B	A	B	A	B	A	B	A	B	A	B	A	B	A	B	A	B

图 53-3　光栅立体图结构

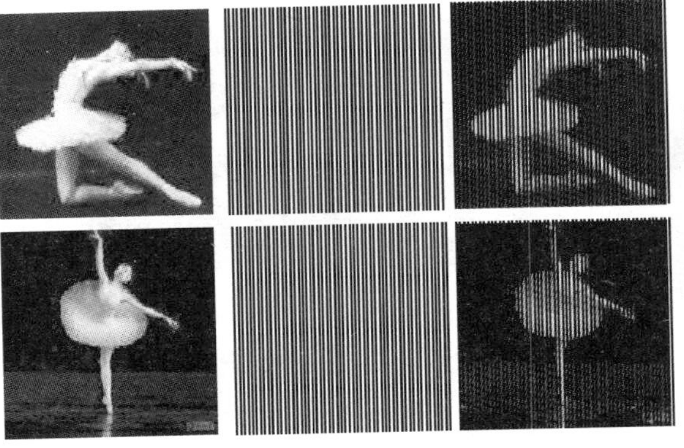

图 53-4　序列图片合成过程

我们人类的眼睛在观察一个三维物体时，由于两眼水平分开在两个不同的位置上，所观察到的物体图像是不同的（图 53-5），它们之间存在着一个像差，由于这个像差的存在，通过人类的大脑，我们可以感到一个三维世界的深度立体变化，这就是立体视觉原理。

图 53-5　人的两只眼睛看到的图像并不相同

光栅的作用是使图片上任何不同点的光线按特定的方向射入人的左眼与右眼。通过这种途径，不需要借助任何工具，将图片直接放在眼前即可清晰明确地感受三维立体画的奇妙乐趣。

根据照亮光栅的光源的照射方向不同，光栅立体图又可以分为投射光栅立体图和反射光栅立体图。

实验五十四　光栅视镜(Grating Mirror)

仪器介绍

光栅视镜由三种不同的光源和光栅眼镜组成。

操作与现象

将光源的电源插头接好，打开光源开关，通过观察眼镜观察狭缝光源，可以看到绚烂多彩的图像，如图 54-1 所示。

图 54-1　通过观察眼镜看到的图像

仔细观察看到的图像，可以发现以下一些特征：

(1)图像最中心的光孔是白色的，或者更准确地说是狭缝板后面光源的原色。

(2)图像以中心孔位对称，向上下左右左上左下右上右下八个方向渐次展开。

(3)图像中除了中心孔外，其他的亮线都是呈现一定的彩色。

(4)不同的光源对应的图像中的色彩并不相同。

原理解析

以上所述的种种特征究竟是为什么呢？究其根本是由于我们采用的观察眼镜镜片其实是二维光栅(图 54-2)。

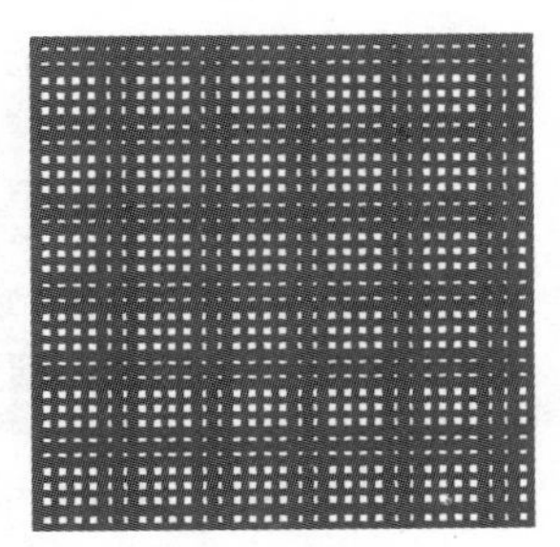

图 54-2　二维光栅

光从光源发出后到到达我们的眼睛这个过程中发生了什么？

光源发出的光经过狭缝板的过滤，只有和狭缝形状一样的一束光透了过来，然后经过观察镜片，

就呈现了我们看到的图像，这个过程称为光栅衍射。

衍射光栅是基于夫琅禾费①多缝衍射效应工作的。根据惠更斯原理，波在传播时，波阵面上的每个点都可以被认为是一个单独的次波源；如图54-3所示，光通过一个狭缝，相当于由狭缝位置发出的一个新的波源，而光栅是一组密排的狭缝（图54-4）每个狭缝发出的次波源按照各自的特性传播开来，并在传播过程中发生干涉，在发生干涉时，由于从每条狭缝出射的光在干涉点的相位都不同，它们之间会部分或全部抵消（图54-5）。然而，当从相邻两条狭缝出射的光线到达干涉点的光程差 Δ 是光的波长的整数倍时（图54-6），两束光线相位相同，就会发生干涉加强现象，也就是我们看到的干涉条纹。

光栅方程：

$$d\sin\theta=n\lambda$$

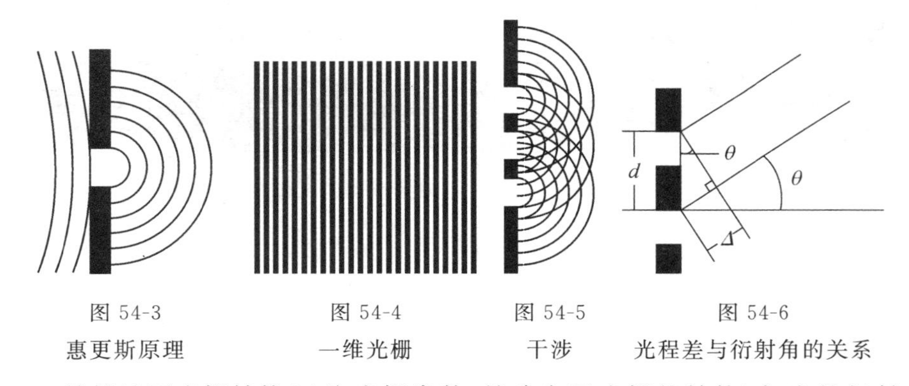

图54-3 惠更斯原理　　图54-4 一维光栅　　图54-5 干涉　　图54-6 光程差与衍射角的关系

就描述了光栅结构（d 为光栅常数，就确定了光栅的结构）与光的衍射角、光的波长之间的这种关系。了解了光栅衍射的原理，出现我们观察到的渐次展开的图像就不足为奇了。

分析光栅方程可以发现 n 取“0”时，即0级干涉条纹，对应的衍射角为“0”，无论是什么颜色的光，即无论波长 λ 是多少，在这个位置都是增强的，就解释了我们看到的三幅图像正中间的条纹为什么都是光源原色的。对于

① 约瑟夫·冯·夫琅禾费（Joseph von Fraunhofer，1787-1826）：德国物理学家。他的父亲是一位玻璃匠，幼年时家境贫困，曾在玻璃作坊当过学徒，因此，他打磨镜片的技术很好，他所制造的大型折射望远镜等光学仪器也是负有盛名。夫琅禾费的科学研究成果主要集中在光谱方面。1814年，他发明了分光仪，在太阳光的光谱中，他发现了574条黑线，这些线被称作夫琅禾费线。1821年，他发表了平行光通过单缝衍射的研究结果，后人称其为夫琅禾费衍射。

n 取其他值时，次级条纹都处在根据不同的波长依次偏转特定的角度的位置，也就解释了为什么在非中央的条纹，不同颜色的条纹分离开来。

前面的分析都是基于一维光栅进行的分析，同样扩展到二维光栅的情形下也是一样的。

如果更加仔细地比较研究三组不同光源光栅衍射的图像，可以发现条纹的色彩构成和分离情况也不尽相同，其原因是因为三种不同光源的特性也不同：①灯管发出的光包括兰、绿、黄三种波长成分，②灯管发出的光包括兰、青、黄、红四种波长成分，而③灯管发出的光成分就更为丰富，涵盖了从红到紫的整个可见光波段，呈现彩虹般的绚丽。

扩展阅读

量子力学是研究微观粒子的运动规律的物理学分支学科，它主要研究原子、分子、凝聚态物质，以及原子核和基本粒子的结构、性质的基础理论，它与相对论一起构成了现代物理学的理论基础。

根据量子力学的理论，原子按其内部运动状态的不同，可以处于不同的定态。每一定态具有一定的能量。能量最低的态叫做基态，能量高于基态的叫做激发态，它们构成原子的各能级。高能量激发态可以跃迁到较低能态而发射光子，反之，较低能态可以吸收光子跃迁到较高激发态，发射或吸收光子的各频率构成发射谱或吸收谱。量子力学理论可以计算出原子能级跃迁时发射或吸收的光谱线位置和光谱线的强度。

用通俗的话讲，就是特定的原子吸收特定频率的电磁波后会从基态跃迁到激发态，相应的环境中的这个频率的辐射就会被吸收，继而反应在光谱上就是吸收谱（图54-7）。而原子受到热激发，原子大量从基态被激发到跃迁态，而后从跃迁态回复到基态时就会发出特定波长的电磁波，反应在光谱上就是发射谱。

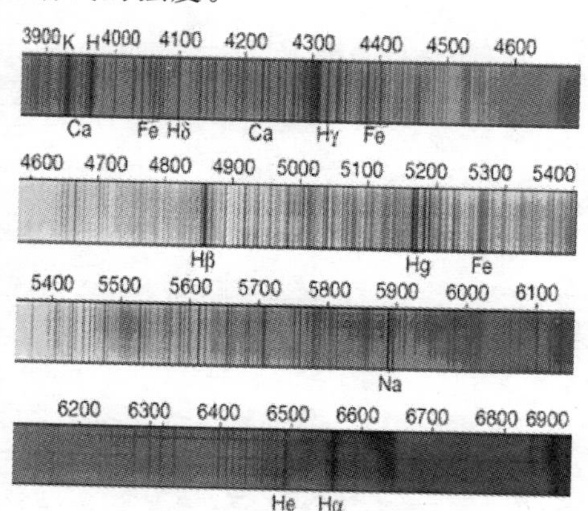

图 54-7 太阳光的吸收谱
(http://tianwen.lamost.org)

无论是发射谱还是吸收谱，明确了光谱谱线和物质的对应关系，就可以利用这一点，用各种手段得到未知物质的光谱，从而通过对光谱进行分析而开启未知世界的大门。

光谱仪是将成分复杂的光分解为光谱线的科学仪器，由棱镜或衍射光栅等构成，利用光谱仪可测量物体表面反射的光线。阳光中的七色光是肉眼能分的部分(可见光)，但若通过光谱仪将阳光分解，按波长排列，可见光只占光谱中很小的范围，其余都是肉眼无法分辨的光谱，如红外线、微波、紫外线、X射线等等。通过光谱仪对光信息的抓取、以照相底片显影，或电脑化自动显示数值仪器显示和分析，从而测知物品中含有何种元素。这种技术被广泛地应用于空气污染、水污染、食品卫生、金属工业等的检测中。

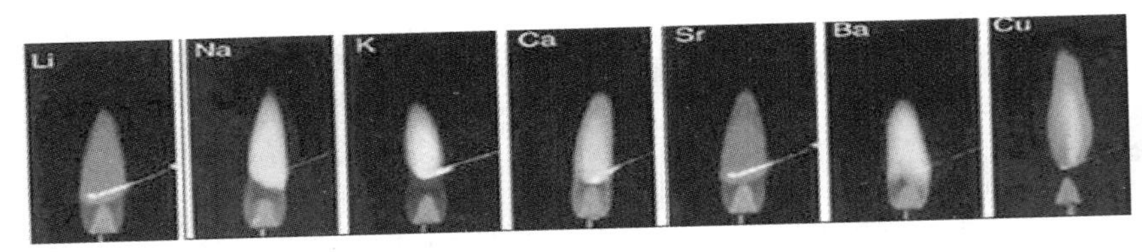

图 54-8　不同物质发出的不同波长的光

实验五十五 3D 影像系统(Three-D Imaging System)

仪器介绍

3D 影像系统由电视机、DVD 播放器、3D 机顶盒、3D 眼镜组成。

操作与现象

接通电视机、DVD 播放器、3D 机顶盒电源,将 3D 眼镜电池安装好,戴上,开始播放 3D DVD 视频,即可观赏到非常逼真的 3D 效果。

原理解析

1. 3D 视觉再造

3D 效果的呈现,其实是 3D 视觉再造的过程。

人之所以可以有立体的视觉感受,是因为人有两只眼睛,两只眼睛看到的物体角度是略有不同的,这一点可以通过分别闭上两只眼睛中的一只进行观察而感受到,两只眼睛看到的略有不同的图像进入大脑,大脑结合两只眼睛间的距离,就可以重建出有景深的立体场景,人也就获得了立体视觉,如图 55-1 所示。

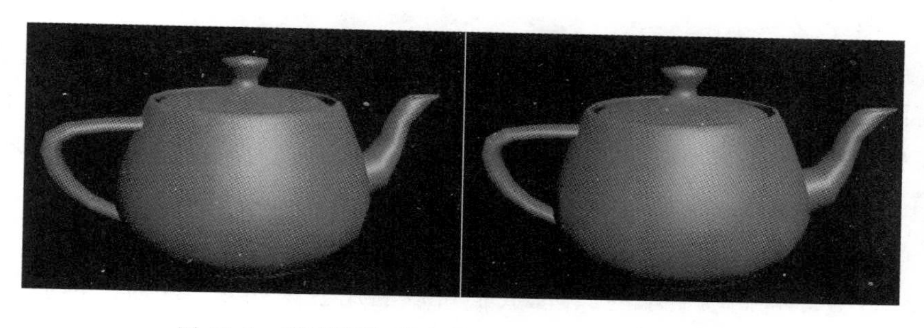

图 55-1 两只眼睛看同一物体得到的不同角度图像

而想通过平面显示器,来呈现 3D 影像,就需要使用 3D 视觉再造技术了。3D 视觉再造技术的关键问题是:要使两只眼睛同时分别从同一平面上获得两张不同的图像,而这两张图像正对应于真实 3D 场景两只眼睛所获得的图像。

2. 奇偶场显示

将我们看到的电视画面的播放速度变慢再变慢，我们可以发现画面是一张一张地呈现在我们眼前的，当画面再慢一点、再慢一点，可以发现画面是一行一行地呈现的。但我们正常看电视时，画面是连续的，并非一幅一幅跳跃的，这是因为人眼的“视觉暂留”在起作用。

了解电视机原理可以知道：电视由于要克服信号频率带宽的限制，无法在制式规定的刷新时间内同时将一帧图像显现在屏幕上，只能将图像分成两个半幅的图像，一先一后地显现，由于刷新速度快，肉眼是看不见的。普通电视都是采用隔行扫描方式。隔行扫描方式是将一帧电视画面分成奇数场和偶数场两次扫描。第一次扫出由1,3,5,7,…所有奇数行组成的奇数场，第二次扫出由2,4,6,8,…所有偶数行组成的偶数场。这样，每一幅图像经过两场扫描，所有的象素便全部扫完。图55-2所示。

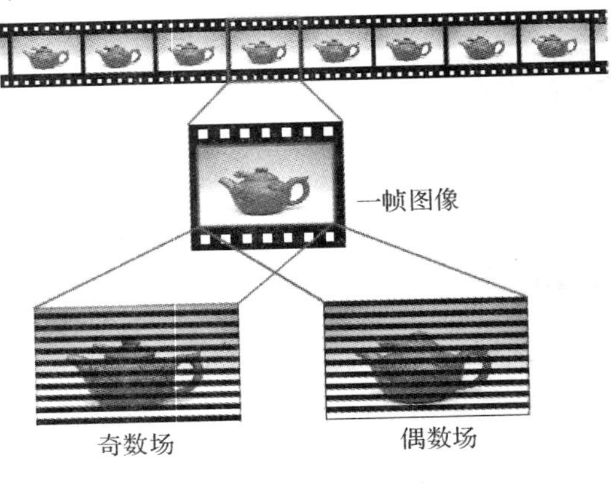

图55-2　奇偶场显示

随着芯片技术与传输技术的不断进步和提高，现在的电视已经可以在有限的刷新时间里绰绰有余地传输和显示一帧画面，不再需要像以前一样需要刷新两次显示一帧画面，亦即从过去的“隔行扫描”技术过渡到“逐行扫描”技术了。

3. 利用奇偶场显示原理实现3D场景再造

了解了奇偶场显示的原理，我们可以利用它来实现3D场景再造了。只需在节目信号制作时，抽取左眼画面的奇数行部分放在奇数场上，抽取右眼画面的偶数行部分放在偶数场上，这样就完成了3D视频的制作。如图55-3所示。播放时，如果我们直接用肉眼看，会发现画面非常糟糕，因为画面都是错乱的、模糊的。这是因为双眼画面没有分别对应进入相应的眼睛，而是混叠后的画面同时进入了两只眼睛。

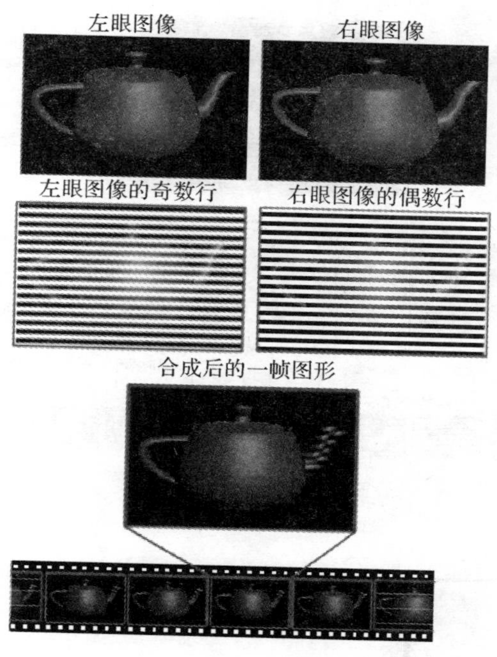

图 55-3　3D 视频的制作过程

4. 3D 视觉实现

有了 3D 视频，到真正看到 3D 影像已经跨进了很大一步，接下来需要做的是：将混叠的信号用某种手段拆解开来，分别送入对应的眼镜，就可以实现 3D 视觉了。

完成这一功能的就是 3D 机顶盒了。通过对视频信号进行解码，可以解析出"扫描频率"信号，即控制图像的每个点显示的位置的信号，通俗地讲：就像部队行进时的"口令"一样，控制着整个过程进行的进度与节奏。对这一信号进行处理，可以标定两帧之间的切换点，也可以标定出一帧中奇偶场的切换点，如图 55-4 所示。

用这一处理过的信号，同步控制用来观赏 3D 视频的 3D 眼镜的两只液晶镜片，实现镜片的通光和遮光：在左眼画面出现期间，让左眼镜片通光，而右眼镜片遮光；在右眼画面出现期间，让右眼镜片通光，而左眼镜片遮光，如图 55-4 所示。这样就实现了将两眼图像分别送入对应的眼睛的功能，此时我们就已经在欣赏奇妙无比的 3D 视觉盛宴了。图 55-5 所示，即是一款 3D 眼镜。

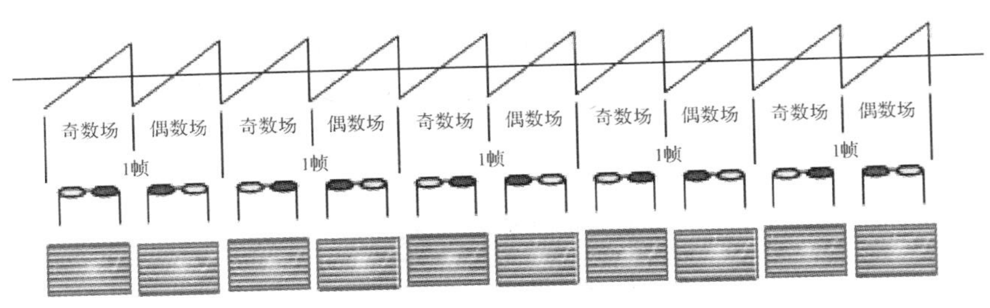

图 55-4　3D 影像的实现

图 55-5　华硕的一款 3D 眼镜

实验五十六 激光钢琴(Laser Piano)

仪器介绍

激光钢琴(图 56-1),由琴身和音箱两部分构成。

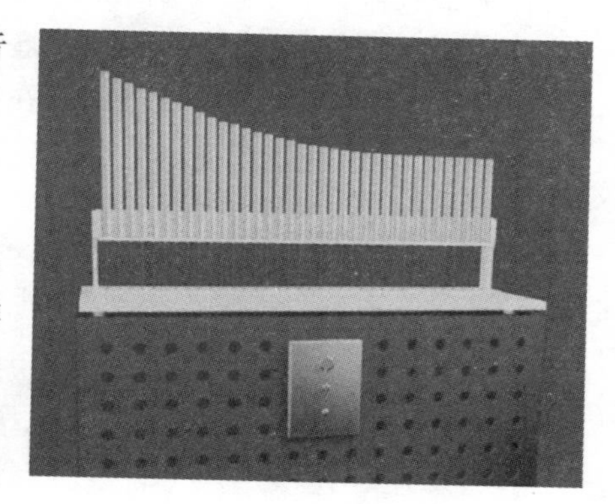

图 56-1 激光钢琴

操作与现象

打开激光琴右侧后方电源开关,可以看到琴身中间感应区下方有一排 LED 亮了起来。打开音箱的电源并调节音量旋钮到中间位置,将手指放在发光 LED 上,可以听到音箱发出悦耳的声音,改变遮挡不同的 LED,可以听到不同的声音,和钢琴一样形成音阶序列。

原理解析

激光钢琴的内核是一架普通的电子琴,只是将键盘的形式进行了一点改变,就可向大家有趣地展示光电门的效果。

电子琴的琴键实际是一排触点开关,按下某个键就接通了对应的电路,控制器使特定频率的信号送到扬声器,发出对应的乐音。

而光电门也是一种开关,用它取代上述的触点开关,就构成了“激光钢琴”。

光电门由发光元件和光敏元件成对构成。发光元件发出的光被光敏元件接收到和光被障碍物遮挡而不被光敏元件接收到时,光敏元件表现为两种差异性很大的输出,从而表征出通、断,即开、关两种状态,进而由控制电路做出相应的控制(如图 56-2 所示)。

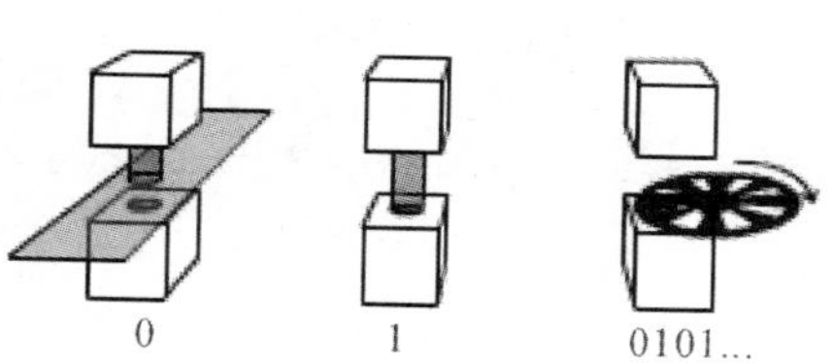

图 56-2 光电门的工作原理

发光元件采用的是发光二极管,有电流通过时会发出明亮的光,没有电流通过时不发光。有红色、绿色、黄色、双色、闪烁等多种发光二极管可供选择。

光敏元件可以是光敏二极管或者光敏三极管。

光敏二极管是一种光电转换器件，即将接收到的光的变化转变成电流的变化。光敏二极管工作时需要加反向电压，没有光照时有微弱的反向电流，称为暗电流，当光照越强时，反向电流也越大。

光敏三极管是光敏二极管的发展产品，它不但有光电转换作用，而且还能对光信号进行放大。光敏三极管在有光照射时，能输出放大的电信号，当无光照射时处于截止状态。

实验五十七　人造火焰(Artificial Flame)

仪器介绍

如图57-1所示，演示仪器是一个家用仿真壁炉加热器。

图57-1　“人造火焰”演示仪

操作与现象

打开电源开关，打开模拟火焰开关，可以看到玻璃窗内一堆木炭燃烧起“熊熊火焰”。

原理解析

看到的火焰并非是实际的火焰，而是人工的方式“制造”出来的。

其中的“木炭”是塑料薄膜压制而成的。塑料板后面是红色的背灯，塑料板不同的位置厚度不同，灯光通过厚的地方看到的效果是偏暗的区域，灯光通过薄的地方看到的效果是明亮的区域，只要精心地设计好塑料板的模具，就可以逼真地呈现出燃烧的木炭的形象了。

“木炭”上面的火焰是怎么呈现的呢？

“火焰”的颜色是由背灯的颜色决定的，火焰的亮度差别是由反光点与屏幕的距离决定的，动态的火苗是由动态漫反射呈现出来的。内部结构如图57-2所示。

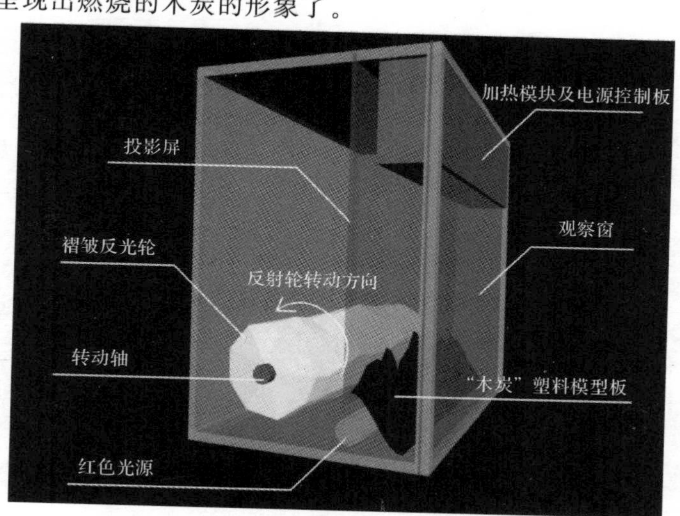

图57-2　“人造火焰”演示仪内部结构

知识拓展

漫反射:是投射在粗糙表面上的光向各个方向反射的现象。

当一束平行的入射光线射到粗糙的表面时,表面会把光线向着四面八方反射,所以入射线虽然互相平行,由于各点的法线方向不一致,造成反射光线向不同的方向无规则地反射,这种反射称之为"漫反射"或"漫射"。

例如,阳光射到光滑的镜子上,迎着反射光的方向可以看到刺眼的光。如果阳光射到白纸上,无论在哪个方向,都不会感到刺眼。原因是,看上去很平的白纸,细微之处实际上是凹凸不平的。这就是利用了漫反射。

实验五十八　魔术钱盒(Magic Money-box)

仪器介绍

魔术存钱盒，如图 58-1 所示，为黑色长方体盒子，上方有开口，就像平常的存钱盒一样，不同的是长方体的一面是由玻璃制成，可以让我们看到盒子里面的结构。正如我们看到的一样，上方是一个漏斗状的通道，漏斗下方连接着一个很小的正方体空间。

图 58-1　魔术存钱盒

操作与现象

演示时，将普通的 1 元硬币，从存钱盒上方的开口放进去，硬币会沿着漏斗逐渐变小的口径而慢慢变小，最后挤过最狭小的漏斗细端，而落入下方的正方体空间里(图 58-2)。多么神奇的事情！

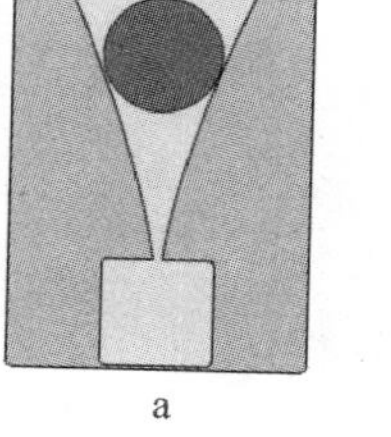

a

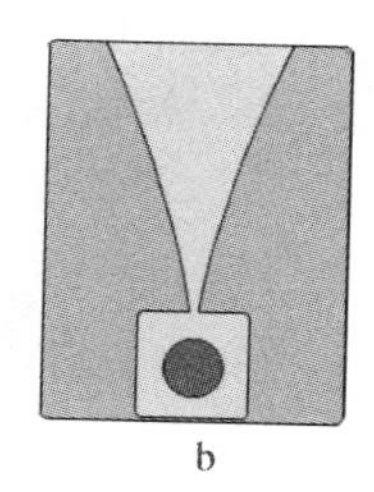

b

图 58-2　实验示意图

原理解析

魔术总归是魔术，总是因为通过某种手段遮盖了真相，为了弄清真相，可以将这个道具拆解开来，一探究竟(并不是所有的东西都可以拆开来弄弄清楚，要视具体情况而定)。

拆开道具，研究其内部结构可以发现，如图 58-3 所示：从魔术盒的顶视图来看，漏斗和下方的长方体盒子仅覆盖了 3/4 的空间区域，另外 1/4 的空间区域被隐藏在了后面，显然这 1/4 的连通空间通过一个硬币是绰绰有余的。

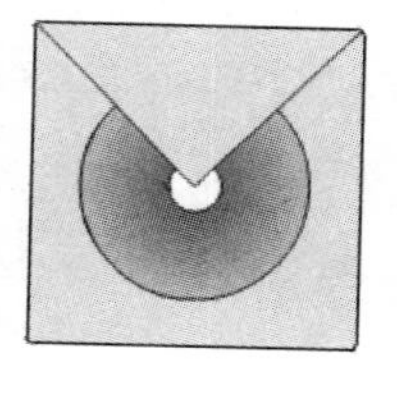

c

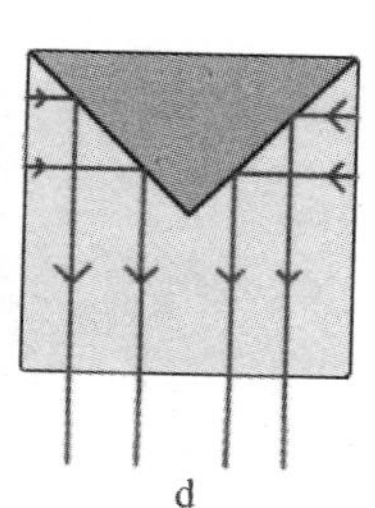

d

图 58-3　内部结构图

而在正面观察时，我们看到了一个完整的空间，那 1/4 的空间是怎么隐藏起来的呢？奥妙在于如图 58-3-c 中的两个半对角线的位置，竖直地立着两面镜子，我们从正面观察的时候，看到的后面实际上是镜子反射的侧面的壁纸，

这样让我们误以为后面贴了和侧面一样的壁纸，于是构建了一个完整的空间，骗过了我们的眼睛(如图 58-3-d 所示)。

至此，魔术的全部奥妙已经非常清楚了。

还有一点遗漏了，硬币后来为什么变小了？很简单，下面的正方体空间的前面，不是一块普通的玻璃，而是一个小的凹透镜，和我们常见的放大镜正好相反，于是起到了缩小镜的作用，看到的硬币自然变小了。

实验五十九　海市蜃楼(A Mirage)

仪器介绍

海市蜃楼演示仪,如图 59-1 所示,系统由外壳(开两侧观察窗)、容器、样品等构成。

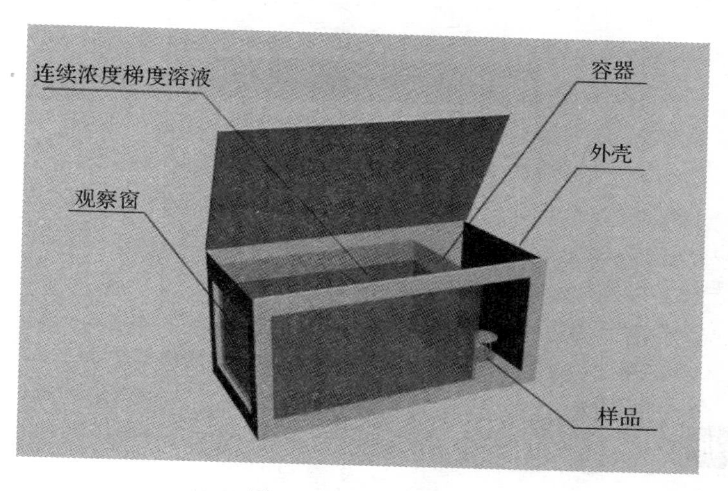

图 59-1　演示仪结构

操作与现象

在演示前需要提前配置工作液体,过程大约需要 5 个小时。需要用到的附件包括:两只大水桶、大量食盐、一段保鲜膜、木棒等。

具体步骤为:

(1)将两只大水桶分别装满清水,向其中一只水桶中加入大量食盐,并用木棒进行搅拌,以加速食盐溶解,如果环境温度较低,还可向水桶中加入热水。边搅拌边加入食盐,直到食盐无法进一步溶解,成为饱和食盐溶液。

(2)将饱和食盐溶液注入演示仪容器中,注入水位差不多为容器的1/2,静置 10 分。

(3)截取一段保鲜膜,轻轻地盖在饱和盐溶液表面上,将保鲜膜边沿留在容器外。

(4)非常慢速小心地将另一只水桶的清水注入溶液容器里的保鲜膜上方,水位差不多达到容器的 3/4 即可。在注入过程中,动作尽量轻柔,避免

液体剧烈运动。略微静置。

(5)将保鲜膜小心抽出。静置约5个小时后,即可进行观察了。

观察方法:打开样品室的照明灯,从正面观察窗观看样品室里的物体,注意关注物体的真实位置P1;从侧面观察窗,透过溶液池观看样品室里的物体,再次注意关注物体的位置P2。你会惊奇地发现,透过侧观察窗看到的物体位置P2比物体的真实位置P1高出许多,如图59-2所示。

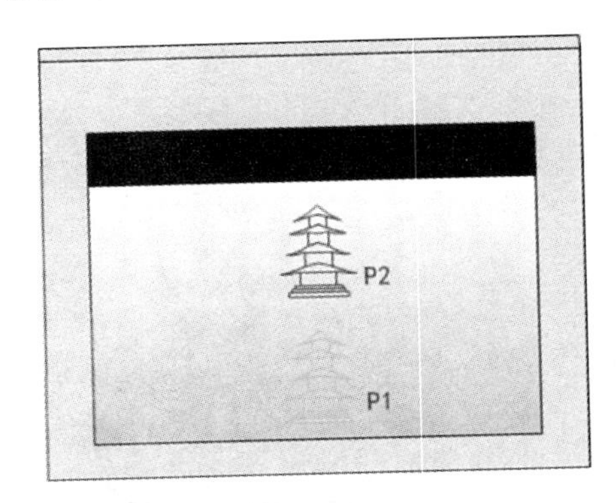

图59-2　物体的真实位置与观察窗中看到的物体位置

原理解析

海市蜃楼是一种因光的折射而形成的自然现象。

当光线在同一密度的均匀介质内进行的时候,光的速度不变,它以直线的方向前进,可是当光线倾斜地由一介质进入另一密度不同的介质时,光的传播速度就会发生改变,前进的方向也会发生弯折,这种现象叫做折射。

空气本身不是一个均匀的介质,在一般情况下,它的密度是随着高度的增大而递减的,高度越高,密度越小。而空气的密度决定了其作为介质的折射率,密度越大,其折射率越高;密度越小,其折射率越低。

在陆地上的物体,反射的光线进入由密到疏的空气中,会随着密度的变化,而连续发生弯折,进入远方观察者的视野,而人们的习惯思维——"光是沿直线传播的"——就给出了这样的视觉效果:物体的像出现在了离开地面的半空中,即海市蜃楼(如图59-3)。

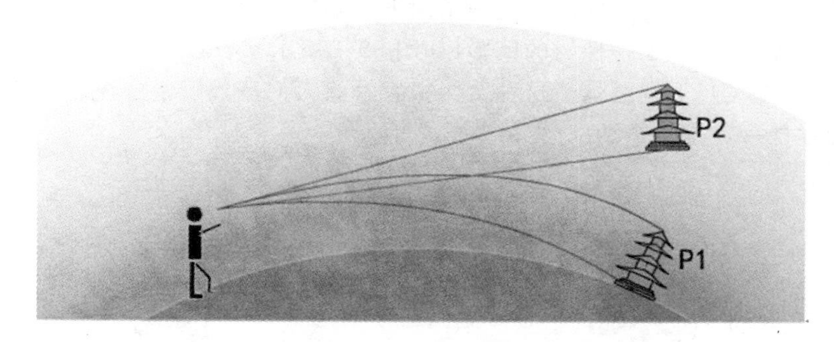

图 59-3　“海市蜃楼”的产生原理(上现蜃景)

扩展阅读

海市蜃楼是光线在沿着直线方向密度不同的气层中,经过折射造成的结果。古人却将之归因于蛟龙之属的蜃,吐气而成楼台城廓,因而得名。

空气的密度分布是很复杂的,并受日照、洋流、气流、纬度等多种因素的影响。由于空气密度反常的具体情况不同,海市蜃楼出现的形式也不同。

在夏季,海水温度比较低,特别是有冷水流经过的海面,水温更低,下层空气受水温更低影响,较上层空气为冷,出现下冷上暖的反常现象(正常情况是下暖上凉,平均每升高 100 米,气温降低 0.6℃ 左右)。下层空气本来就因气压较高,密度较大,现在再加上气温又较上层为低,密度就显得特别大,因此空气层下密上稀的差别异常显著。假使在我们的东方地平线下有一艘轮船,一般情况下是看不到它的。如果由于这时空气下密上稀的差异太大了,来自船舶的光线先由密的气层逐渐折射进入稀的气层,并在上层发生全反射,又折回到下层密的气层中来;经过这样弯曲的线路,最后投入我们的眼中,我们就能看到它的像。由于人的视觉总是感到物像是来自直线方向的,因此我们所看到的轮船映像比实物是抬高了许多,所以叫做上现蜃景,如图 59-3 所示。

但是在沙漠里情况就不一样了。白天沙石被太阳晒得灼热,接近沙层的气温升高极快。由于空气不善于传热,所以在无风的时候,空气上下层间的热量交换极小,于是下热上冷的气温垂直差异就非常显著,并导致下层空气密度反而比上层小的反常现象。在这种情况下,如果前方有一棵树,它生长在比较湿润的一块地方,这时由树梢倾斜向下投射的光线,因为是由密度大的空气层进入密度小的空气层,会发生折射。折射光线到了贴近地面热而稀的空气层时,就发生全反射,光线又由近地面密度小的气层反射回到上面较密的气层中来。这样，经过一条向下凹陷的弯曲光线，把树的影像送到人的眼中，就出现了一棵树的倒影(如图 59-4 所示)。由于倒影位于实物的下面，所以又叫下现蜃景。这种倒影很容易给人们造成以水边树影的幻觉，以为远处一定是一个湖。

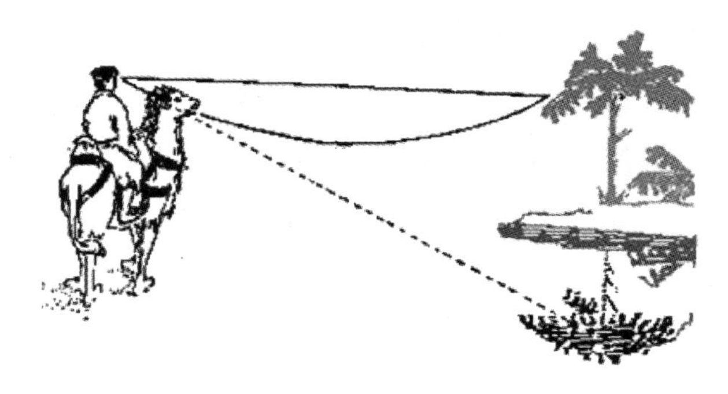

图 59-4　下现蜃景

无论哪一种海市蜃楼，只能在无风或风力极微弱的天气条件下出现。当大风一起，引起了上下层空气的搅动混合，上下层空气密度的差异减小了，光线没有什么异常折射和全反射，那么所有的幻景就立刻消逝了。

实验六十　反射式白光再现全息图
(Reflection-typed White Light Reappearing Hologram)

仪器介绍

如图 60-1 所示，反射式白光再现全息图拍摄仪由曝光控制器、激光源、扩束镜、基台和底片夹等组成。拍摄全息图时，将被拍摄物体放在基台上，全息干板放入底片夹，干板的药膜面朝物体且尽量靠近物体，使激光源扩束后的光束直径稍大于物体的直径，投射到全息干板上，部分激光透过干板照射到被拍摄物体上，由被拍摄物体散射返回干板的光即为物光，物光与原入射光(参考光)以大约 180°的夹角分别从全息干板两侧入射到乳胶层中，在乳胶层内形成干涉图样并使乳胶层曝光。将曝光后的全息底片显影、停显、定影和漂白等暗房处理即得反射式白光再现全息图。

图 60-1　白光再现全息图摄影仪

操作与现象

用白光(或激光)照射全息图，其反射光可以看到与原物形状相同的立体虚像，从不同角度观察，其像的颜色将有所变化。如图 60-2 所示。

图 60-2　白光再现全息图

原理解析

反射式白光再现全息图是利用厚层照相乳剂记录干涉条纹，并利用布喇格①衍射效应再现物像。这种记录过程中也是利用分离的相干光束进行叠加，物光和参考光分别从记录介质的两侧入射，两束光夹角接近于180°。在全息记录介质内可建立起驻波，形成的干涉条纹接近平行于记录介质表面，这些干涉条纹实际上是一些平面，即形成了三维分布的空间立体光栅。

用图60-3所示来说明干涉条纹的形成，参考光与物光以接近180°的夹角 φ 入射到干板的乳胶层上，为方便分析，假设参考光和物光均为平面波且与乳胶面的法线构成相同的倾角，从图中可以看到，有一系列等相位的波前穿过乳胶层，两列波的波阵面相交的轨迹为一平面，在平面上均为干涉最大，干板的乳胶层被曝光后，经过显影和定影处理，形成了一些高密度的银粒子层，在所假定的条件下，这些银粒子层平分物光和参考光之间的夹角，密度高的银粒子层对于入射光来说就相当于一些局部反射平面，称为布喇格平面(图中以虚线表示)。

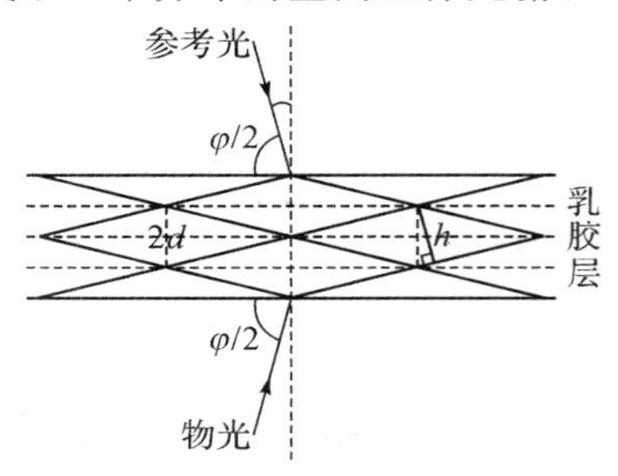

图60-3　乳胶干涉条纹的形成

根据图60-3可得如下关系式：

$$2d\sin(\varphi/2)=\lambda \tag{60-1}$$

式中，d 为相邻两银离子层之间的距离，λ 为介质中波长。

以上结果是在假设的特殊情况下得出的，在一般情况下也能得出类似的结果。实际的物光不可能是平面波，因此，物光和参考光所形成的干涉层

① 威廉·劳伦斯·布喇格(William Lawrence Bragg，1890—1971)：英国物理学家。1912年秋，晶体对X射线的衍射作用被冯·劳厄(Max Theodor Felix Von Laue，1879—1960)发现后，就引起了W. L. 布喇格的注意。他指出，晶体中整齐排列相互平行的原子面可以看成衍射光栅，劳厄的衍射照片上的斑点正是这个光栅反射X射线的结果，并推导出著名的布喇格公式。1913年W. L. 布喇格的父亲威廉·亨利·布喇格(William Henry Bragg，1862—1942)制成了第一台X射线摄谱仪，测定了许多元素的标识X射线的波长。他们父子两人利用这台仪器测定了金刚石、水晶等几种简单晶体的结构，并研究出晶体结构分析的方法。这就从理论及实验上证明了晶体结构的周期性与几何对称性，奠定了X射线谱学及X射线结构分析的基础，从而为深入研究物质内部结构开辟了可靠的途径。为此，1915年布喇格父子共同获得诺贝尔物理学奖。

是很复杂的。原物光的全部信息就被记录在这些复杂的银粒子层上，当用任何一束平面波照射已处理好的全息图时，通过这些布喇格平面的局部反射作用就可以再现出一束原始物波，即再现出物体的原始信息。其原理可用图 60-4 说明，由相邻两个布喇格平面所反射的光线之间的光程差：

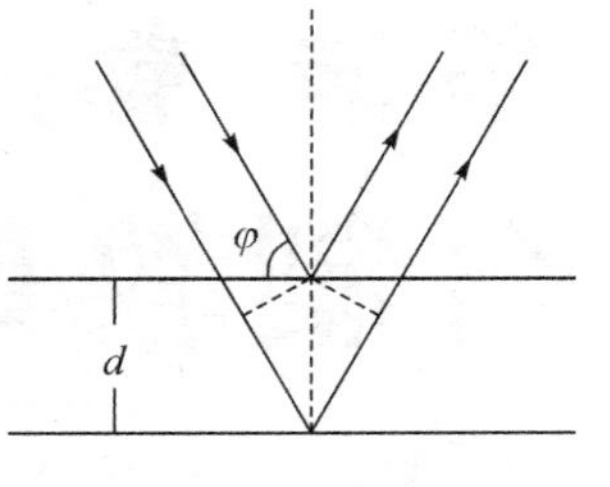

图 60-4　白光再现原理

$$\Delta = 2d\sin\varphi \tag{60-2}$$

为了使再现物像获得最大亮度，两个相邻布喇格平面的反射光的光程差应等于一个波长。令 $\Delta=\lambda$，由(60-2)式得：

$$\sin\varphi = \frac{\lambda}{2d} \tag{60-3}$$

这一关系式称为布喇格条件，φ 称为布喇格角，也是获得最佳再现像而应满足的条件。

分析式(60-2)和式(60-3)可以得出两个结论：

(1)反射全息图在再现时，对应于某一个角度，只有一种波长的光能获得最大亮度。也就是再现光的波长和方向满足布喇格条件时才能再现物像。所以，这种全息图可以从含有多种波长的复色光源中选择一种波长再现物像，从而实现了复色光再现。

(2)用白光再现时，若从不同角度观察，再现像的颜色将有所变化。即不同的角度对应着不同的光波波长，随着 φ 角的增加，观察到的波长将从短波向长波方向变化。

再现原理如图 60-5 所示。

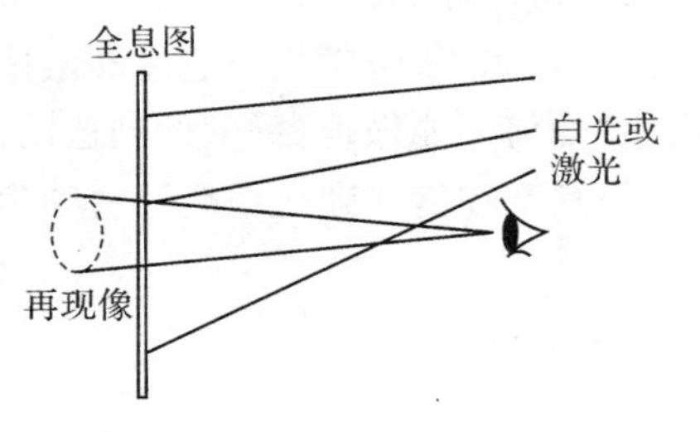

图 60-5　全息图的再现

第五章
自制教具

将自制教具纳入演示实验中，是由于自制教具是教育性、科学性、实用性和新颖性的综合体现。此类由学生熟悉的生活材料研制的教具，在物理教学中使用，其独特作用是学生能够从“知”的环境中发现“未知”，使他们原有的认知结构与面临的现实产生矛盾，造成心理上的不平衡，从而产生探求新知的强烈愿望。由于物理自制教具所用的材料大都来源于生活，用它们来产生物理现象、探索物理规律，学生们就会感到亲切，感到物理学就在自己的身边，探究物理学并不神秘，从而产生学习物理学的积极性和主动性。实际上，用生活中易得材料甚至废旧材料充当实验器材或稍作简单加工制成教具，并在教学中应用，这本身就潜在地对学生进行创新教育。由于学生熟悉教具所用的材料且在生活中容易找到，因而也会使学生产生自己动手做一做的欲望。另一方面，教师展现给学生的自制教具，其巧妙的设计、独到的构思，将给学生以启发和激励，其不完美、不理想之处又可促使学生产生“如何才能做得更好”的创造动机。特别是自制教具中蕴含的丰富的创新思想，都在潜移默化地启迪着学生的智慧。

实验六十一　奇异的串联(Strange Series Connection)

仪器介绍

如图 61-1 所示，每一个电路板代表一个由灯泡组成的串联电路，左图是由 2 个灯泡、灯座和 2 个开关组成的串联电路，右图是 4 个灯泡和 2 个开关组成的另一组串联电路。

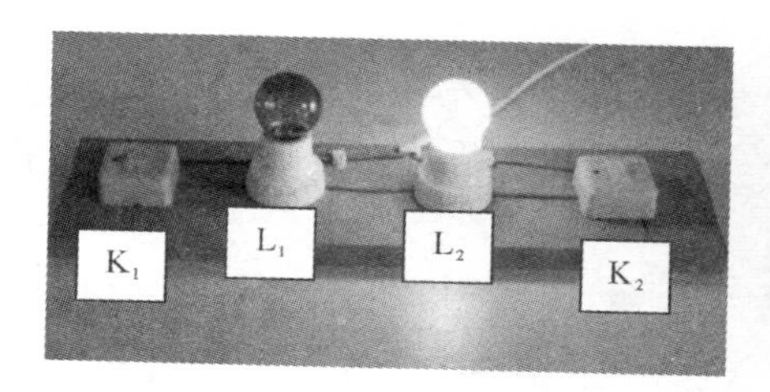

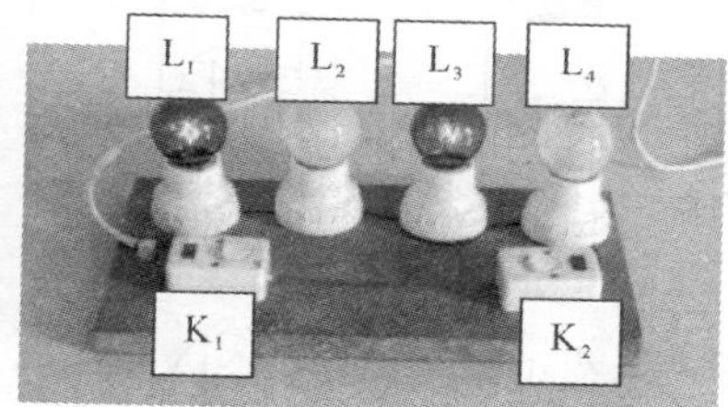

图 61-1　奇异的串联电路

操作与现象

(1)将由 2 个灯泡组成的串联电路的插头接入插座中，若只闭合开关 K_1，发现灯泡 L_1 发光。只闭合开关 K_2，则灯泡 L_2 发光。若同时闭合或断开 K_1 和 K_2，则灯泡 L_1、L_2 同时发光或者熄灭。该串联电路结果演示了并联电路的现象，达到了完全并联的效果。

(2)将由 4 个灯泡组成的串联电路接入电路，若只闭合开关 K_1，发现灯泡 L_1、L_3 发光。只闭合开关 K_2，则灯泡 L_2 和 L_4 发光。该串联电路则演示了混联电路的现象，既有并联的效果，又有串联的现象。

原理解析

先分析由 2 只灯泡组成的“串联”电路。很显然，如果该电路只有灯泡、灯座、插头、导线和开关等器材组成，那么是不可能出现“串联电路，并联现象”的实验效果。部分一线教师和学生如果不加思考，则习惯性认为在每一个灯泡或者开关下面，暗地里并联了一根导线，从而该电路从外观看是串联电路，实则并非如此。

如图 61-2 所示，在每一个灯座和开关下面，都并联了一个二极管，其中灯座之间、开关之间的二极管极性均为反向，且每一个开关和所控制的灯泡

下面的二极管极性也是反向的。当只接通一个开关的时候，比如闭合 K_1，仔细分析电流的流向，发现灯泡 L_1 只有半个周期通电；而灯泡 L_2 则不通电（从其下面的二极管流过）。

至于4个灯泡所组成串联电路，如图61-3，也是在每一个灯泡和开关下面，均并联了一个二极管，至于原理，请同学们自行分析。并分析一下该演示实验对改善中学相关内容的教学比如二极管的单向导电性有何影响。

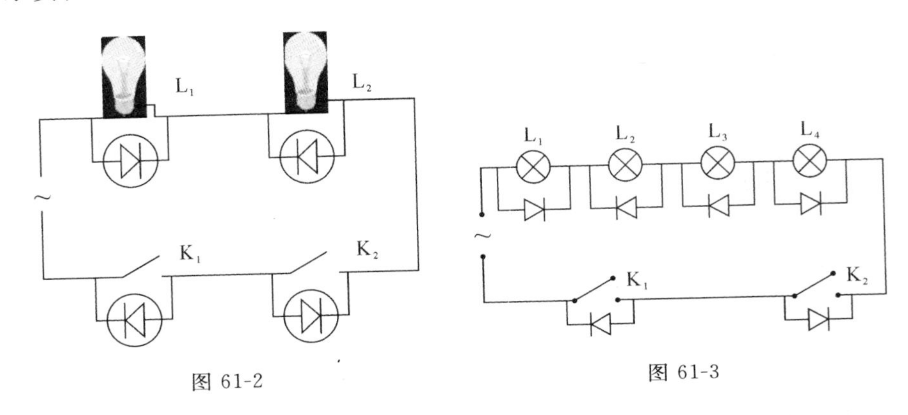

图61-2　　图61-3

实验六十二　光通信模拟演示
(The Simulation of Optical Communication)

仪器介绍

如图 62-1 所示，光通信模拟演示主要由收音机、充电式手电筒、扬声器、硅光电池、音频线等组成，用来模拟光纤通讯和信息传输等演示现象。

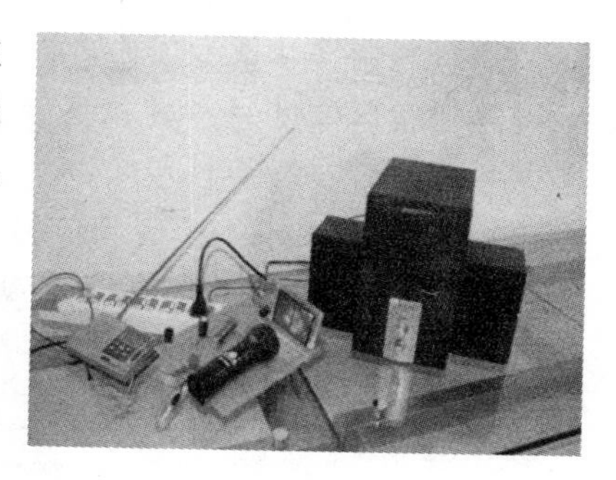

图 62-1

操作与现象

打开收音机，将附手电筒的耳机插头插入到收音机的耳塞插孔中，然后开启手电筒，将手电筒发出的光照射到硅光电池上，把扬声器的耳机插头插入到硅光电池的插孔中，此时收音机发出的声音信号就通过扬声器而扩散开来。若挡住手电筒发出的光，则扬声器不发声，若光强减弱或增强，则声音信号也随之进行相应的改变。将光信号通过镜子反射、水面折射等再投到硅光电池上，依旧可以重复上述现象。

原理解析

图 62-2 所示是光纤通信模拟装置发射部分的示意图，主要器件有手电筒（或者灯泡、灯珠均可）、电感和电容等。其中手电筒和电感 L 串联（电感可以手工绕制，也可以从电子市场购买），隔直电容和音频线的耳机插头一端相串联，整体再并联到电感上。这样当耳机插头接入到收音机的耳塞插孔后，收音机的声音信号就变成了电信号，电信号再通过电容和电感调制到灯泡上，当通过线圈的电流发生变化时，通过灯泡的电流就在不断变化，则灯泡的亮度也会不断变化，这样就实现了电信号和光信号的调制转换。将手电筒的光照射到硅光电池板上，就实现了光信号和电信号的转换。最后用扬声器将这个电信号进行放大并解调还原为声音信号。这种在灯泡和硅光电池板之间的光信号

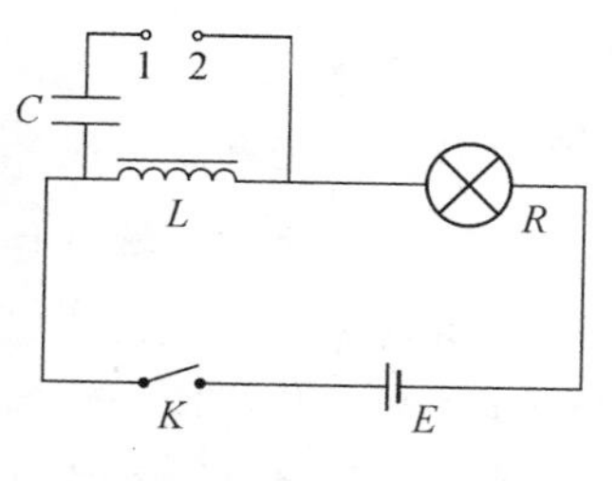

图 62-2

的传播就类似于光信号在光纤中的传播。

知识拓展

光纤通信技术是现代通信技术的主要支柱之一，它具有通信量大、传输质量高、频带宽、保密性能好、抗电磁干扰性强、重量轻、体积小的优点，是理想的现代信息传输和交换工具。光纤通信就是用光做载波，光纤为传输介质的信号传输。其基本工作过程：将信息（语音、图像、数据等）按一定的方式调制到载运信息的光波上，经光纤传输到远端的接收器，再经解调将信息还原并输出。

图 62-3 给出了一个音频信号直接光强调制光纤传输系统的主要结构原理图，它主要包括由 LED 及其调制、驱动电路组成的光信号发送器、传输光纤和由光电转换、I/V 变换及功放电路组成的光信号接收器的三个部分。

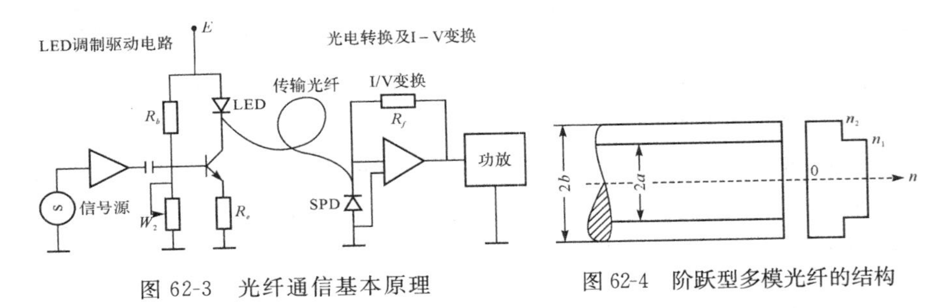

图 62-3 光纤通信基本原理　　图 62-4 阶跃型多模光纤的结构

1. 光纤传导纤维的结构及传光原理

阶跃型多模光纤结构如图 62-4 所示，它由纤芯和包层两部分组成，芯子的半径为 a，折射率为 n_1，包层的外径为 b，折射率为 n_2，且 $n_1>n_2$。这样光信号可以在里面实现全反射。

2. 光信号的发送：LED 驱动及调制电路

半导体发光二极管输出的光功率与其驱动电流的关系称 LED 的电光特性。为了使传输系统的发送端能够产生一个无非线性失真、而峰-峰值又最大的光信号，使用 LED 时应先给它一个适当的偏置电流，其值等于这一特性曲线线性部分中点电流值，而调制电流的峰-峰值应尽可能大地处于这电光特性的线性范围内，这有利于信号的远距离传输。

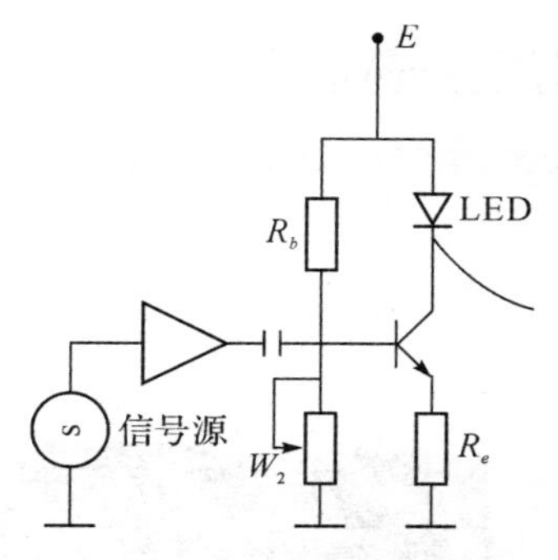

图 62-5　LED驱动及调制电路

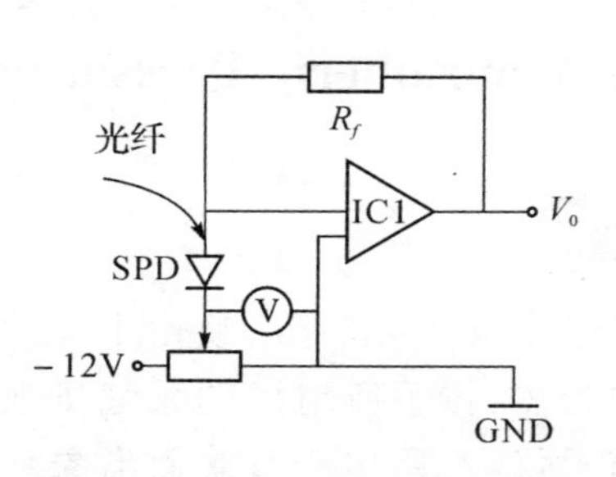

图 62-6　光信号接收器的原理

3. 光信号接收器：光电二极管 SPD 的伏安特性、光电特性及其测定方法

光讯号接收部分如图 62-6 所示，采用硅光电二极管 SPD 作为光电检测元件，实现光讯号到电信号的转换，并进行放大。然后经 I/V 转换电路再把光电流转换成电压 V_0 输出。$V_0 = R_f \cdot I_0$。因此，可从电阻上测量输出信号大小或用扬声器输出音频信号。

实验六十三　大气压强演示实验

(The Atmospheric Pressure Demonstrating Experiment)

仪器介绍

如图 63-1 所示，是一块由十分柔软的橡胶皮、拉手所组成的大气压强效果演示仪，主要用于直观而形象地演示大气压的作用效果。

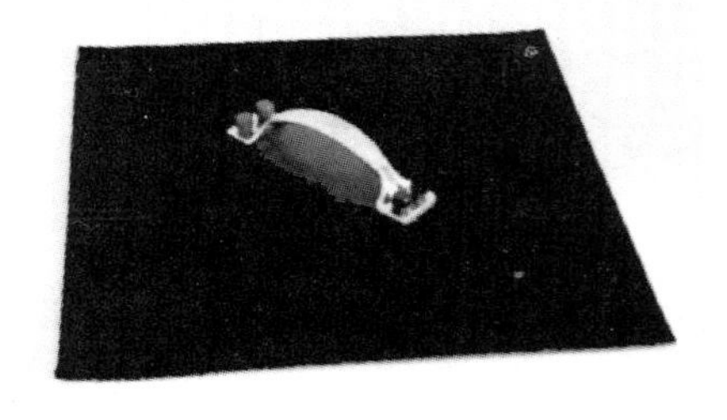

图 63-1　大气压效果实验演示仪

操作与现象

将该演示仪弄平整，放到表面光滑平整的重物上面，比如凳子、桌子等；首先用力轻轻水平拉动演示仪，发

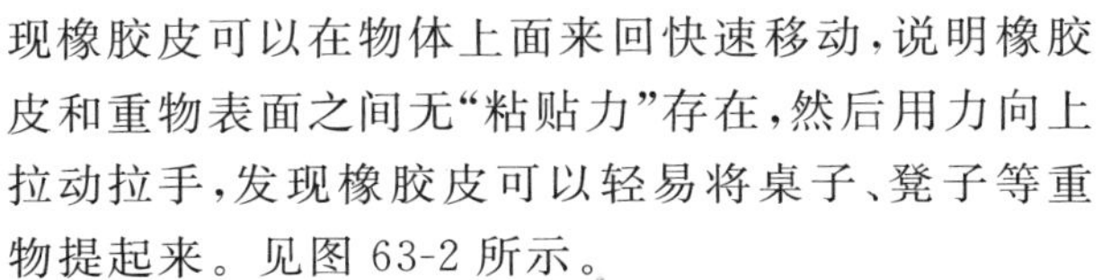

现橡胶皮可以在物体上面来回快速移动，说明橡胶皮和重物表面之间无“粘贴力”存在，然后用力向上拉动拉手，发现橡胶皮可以轻易将桌子、凳子等重物提起来。见图 63-2 所示。

图 63-2　可以将凳子提起来的大气压效果演示仪

原理解析

本实验可以生动形象地演示了大气压作用效果，很显然，正是由于大气压的存在，才使重物提了起来。但是由于在日常生活中，我们很少感触到大气压的威力，即使我们经常接触诸如大气压挂钩等日常物体，但是因为其表面积太小，因此其大气压威力很容易被我们所忽视。本实验由于橡胶皮的表面积比较大，因此大气压力也比较大，从而可以提起很重的物体，达到令人吃惊的效果。同学们可以算一下在理想情况下，该橡胶皮可以拉起质量多大的物体。

实验六十四 非纯电阻电路中能量转化演示实验 (Demonstration Experiment of Energy Transformation in Non-Pure Resistance Circuit)

仪器介绍

如图 64-1 所示的实验仪器，是由直流稳压电源、灯泡、矩形线圈和强力磁铁组成的非纯电阻电路中能量转化演示实验仪，用来演示非纯电阻电路中，欧姆定律是否适用的一套实验仪器。

图 64-1 非纯电路中的能量转化实验仪

操作与现象

接通电路，先让线圈不转动，观察此时灯泡的亮度。现在保持输出电压不变，让线圈转动起来，发现此时灯泡的亮度变暗，并且线圈转动越快，灯泡亮度越暗。

原理解析

我们知道，在纯电阻电路中，电源电动势所产生的能量全部转化为电阻所消耗的能量，而在非纯电阻电路中，还有部分能量需要转化为机械能等其他形式的能量。因此在非纯电阻电路中，欧姆定律并不适合。我们可以从该演示实验探究一下其中的玄机。

仍然如图 64-1，矩形线圈是由漆包线绕制而成，引出端一端绝缘漆只刮掉一半，另一半全部刮掉，从而保证了半个周期通电以及电动机通电时的持续旋转，如果电动机不旋转，那么电路是一个纯电阻电路（灯泡和电阻丝），但是如果电动机转动起来，则电路是一个非纯电路（灯泡、电阻丝和电动机），尽管两者的电阻相同，如果直流电源输出电压前后一致，按照一般的

理解，电阻相同，则电路中的电流相同，因此灯泡的亮度和线圈的转动与否无关。但是事实并非如此。将永久强力磁铁放置在线圈下面，开始时可以用手轻轻拨动线圈，使其转动起来。分别观察线圈不转动和转动时的灯泡亮度情况，我们可以明显地发现线圈转动的时候，灯泡的亮度明显变暗。当线圈不转动时，电路为纯电阻电路，能量全部转化为热能和光，因此小灯泡亮度很亮；而当线圈转动时，部分能量要转化为机械能，并且转动越快，机械能消耗越多，小灯泡亮度越暗，尽管电路中的电阻不变。

知识拓展

高中物理课本在介绍高压输电的原理时，得到了“电压越高，电能损失越小”的结论。估计有很多同学会感到十分迷惑，因为输电线路的电阻一定的情况下，电压越高，理应电流越大，从而电能损失越多。但实际的结论又恰恰相反。同学们应该从非纯电路的角度出发，从输出功率一定的情况下出发来思考这个问题。

实验六十五　神奇的魔箱(Magic Box)

仪器介绍

如图 65-1 所示，该装置是一个由木板制作的具有神奇功能的魔箱，从外部可以明显地看到魔箱的内部是空的，通过前面的玻璃可以清楚看到魔箱的内部情况。魔箱的上方有一个小的开口，可以将东西放入魔箱里面。

操作与现象

将一张纸片、硬币或者其他纸类的物体从魔箱上方的小口放入，从前面的玻璃进行观察，发现这些物体不翼而飞，并没有落在魔箱的里面。反复操作，都是这样的现象。

图 65-1　魔箱外观

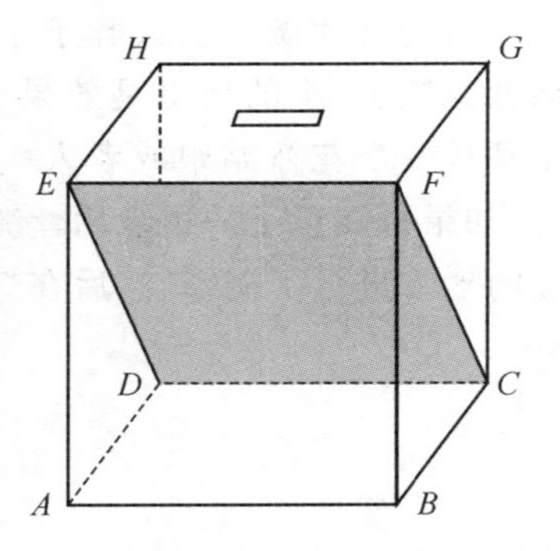

图 65-2　魔箱内部结构

原理解析

图 65-2 是魔箱的内部结构示意图。魔箱只有前面的 ABFE 面是透明的玻璃制作的，其余的五个面均是不透明的，在魔箱的内部，有一块平面镜 CDEF，它与水平面成 45°放置。反射面朝下，且正好面对透明的 ABFE 面。这样，我们所看到的“空空如也”的内部结构其实是一个半虚半实的箱子。从外面所观察到的 DCGH 面实际上是 ABCD 面的虚像；看到的 ADHE 和 BCGF 面实际上分别是由 ADE、BCF 这两个直角三角面和其对应的虚像组合而成；因而把物体从箱子上面的小口放进去时，其实是放入了我们所看不

到的平面镜后面的空间(EFCDHG)中。这就是魔箱的秘密所在。实际的魔箱在制作的时候,需要对平面镜的边缘做一些技巧处理,比如加上一些花纹进行点缀,这样可以掩饰边缘那些容易露出破绽的地方,从而效果更加逼真。

知识拓展

在一些公园或者歌舞团等地方经常会看到所谓的神秘人,他(她)们一般为人头蛇身或是花篮姑娘,但是却能够唱歌说话,弄得观众很是迷惑。

事实上,我们很容易戳穿这种把戏。这些所谓的神秘现象都是利用科学规律——平面镜成像原理——行使迷信的把戏。见图 65-3,两个镜子的夹角为 270°(也有大于 270°的,但是箱子要求纯单色透明),人躲在镜子后面,只露出脑袋,然后在两个镜子相连的地方把 3/4 的蛇身或花篮粘贴在镜面上,这样只要把蛇颈部或花篮口的尺寸做成比人脖子半径略大(太大的话就露馅了,小的话也是效果不好),观众就感觉到是一个花篮姑娘或者人头蛇身的"怪物"了。如果再在镜子的边缘用丝绸或者花等进行装饰,把镜面边缘容易发现破绽的地方进行了掩饰,然后在灯光的作用下,更容易达到欺骗的效果。

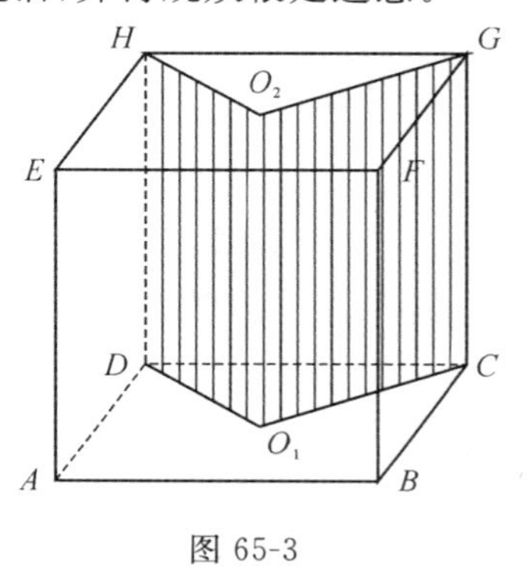

图 65-3

实验六十六　多功能碰撞小车
(Multi-function Collision Cart)

仪器介绍

如图 66-1 所示，该多功能碰撞小车演示仪由两个完全相同的碰撞小车组成，每一个小车上装有一片弹性较好的半圆形弹性塑料片，塑料瓶和小车之间穿上一个小木条，木条上标有刻度。该仪器装置可以用来验证牛顿第三定律、动量守恒定律等实验。

图 66-1　多功能碰撞小车

操作与现象

（1）验证牛顿第三定律。将两辆碰撞小车放在光滑的水平桌面上，将这两辆车以速度相同、速度大小不一、一辆静止等形式进行相向碰撞，可以看到，无论何种形式的碰撞，两辆小车木条上的夹片的移动距离均相等，方向相反，且移动方向在同一条直线上，这样该实验可以形象地验证了牛顿第三定律。

（2）验证动量守恒定律。令其中一辆小车静止，另外一辆小车以一定的速度同轴撞它。碰撞之后，发现两辆小车交换了速度，静止的小车运动，运动的小车静止不动。这样可以定量验证动量守恒定律；如果再在其中一辆小车上放一铁块，以刚才同样的方式进行对撞，可发现原先运动的小车还是运动，但速度减小了；同样，将其中一辆小车朝墙面或者其他重物撞击，可以发现小车以完全相同的速度大小反弹回来。这些实验可以定性验证动量守恒定律。

此实验若作为中学演示器材教具，可生动形象地验证牛顿第三定律、动量守恒定律等物理规律，从而有助于学生理解物理规律，大大提高学生的学习兴趣。

原理解析

见前述的实验一《弹性碰撞》，这里不再叙述。

实验六十七　奇异碰撞小车
(Singular Collision Cart)

仪器介绍

本仪器装置主要是由一个弹性碰撞小车组成，小车前端放置了一个塑料夹，主要起到碰撞反弹的作用。小车上面放了一个黑色的箱子。该实验装置可以演示完全弹性碰撞和完全非弹性碰撞，培养学生学习物理的兴趣和探索精神。

图 67-1　奇异碰撞小车

操作与现象

(1)完全弹性碰撞实验的演示：先用木条插在小孔上，将一有孔的铁块套在小孔上，使其连成一体，实验操作时，如果将此车水平运动，并撞向墙壁，可发现小车以完全相同的速度弹性返回，这是完全弹性碰撞的实验现象；当然，该实验不加铁块，也可以演示完全非弹性碰撞实验现象。

(2)完全非弹性碰撞的演示：如果拔掉细木条，铁块仍然放在原来的位置，再同样地将小车撞向墙壁，则小车碰撞以后立刻静止，无法弹性返回，这是完全非弹性碰撞现象。

原理解析

完全弹性碰撞指的是碰撞前后能量不发生损耗的情况，如果主碰撞物和被碰撞物的质量、形状均相同，发生完全弹性碰撞的时候，则会发生速度交换。比如实验一的《弹性碰撞》的实验演示。如果被碰撞物的质量远远大于主碰撞物，则被碰撞物静止不动，主碰撞物以原来的速度反弹回来。比如乒乓球垂直弹在墙上，则以原来的速度弹回来。该实验操作的第一步中，由于小车的质量远远小于墙壁的质量，因此弹回来的时候发生完全弹性碰撞。

完全非弹性碰撞则是指发生碰撞以后，主碰撞物和被碰撞物粘在一起，在这个过程中，能量损失最大。比如橡皮泥打在墙上，则橡皮泥粘在墙上，静止不动。本实验的第一步操作中，由于铁块和小车是作为一个整体对墙壁进行碰撞，产生的是完全弹性碰撞现象。而第二部分演示的时候，由于小

车和铁块接触面比较光滑，碰撞发生时，重铁块会继续朝前运动，这样导致奇异碰撞小车演示仪整体静止，从效果上看达到了完全非弹性碰撞演示的效果。

实验六十八　虹吸喷泉(Siphon Fountain)

仪器介绍

如图 68-1 所示是一种简易虹吸喷泉演示装置。该系列所使用的材料主要来自日常生活常见的用品:由一个大号可乐瓶、穿有两根塑料管的橡皮塞以及盛水的水槽或其他盛水的工具组成。该实验装置可以十分生动地演示了虹吸现象。通过这个演示实验,可以极大地激发学生的学习兴趣和探索精神。

操作与现象

在可乐瓶中装有少许水,把橡皮塞插入可乐瓶中塞紧。较长的橡胶管 1 放到比较低的地方,较短的橡胶管 2 放到比较高的水槽中(水槽中装有大量的水)。手持可乐瓶,将其倒立起来放到高处,经过少许时间,可以明显地看到和橡胶管 2 相通的喷嘴喷出大量的水来,形成喷泉。只要水槽的水有供应,则虹吸喷泉永不停止。

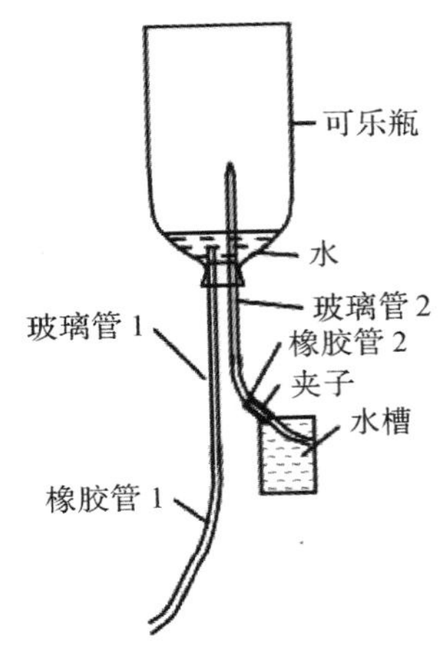

图 68-1　虹吸喷泉

原理解析

从整体的角度来说,虹吸喷泉的形成是由于水往低处流的自然原因所造成的一种持续现象。如图 68-1 所示,刚开始时,可乐瓶中的水会通过橡胶管 1 流向低处,从而导致可乐瓶内的气压降低,因此与水槽、可乐瓶连通的橡胶管 2 存在大气压强差,从而促使水槽中的水倒流喷向可乐瓶中形成喷泉,与此同时,可乐瓶中的水流向低处形成循环导致喷泉持续进行。

知识拓展

使用身边随手可得的物品进行探究活动和各种物理实验,可以拉近物理学与生活的距离,让我们深切地感受到科学的真实性,感受到科学和社会、科学和日常生活的关系。

可乐瓶是我们生活中最常见的物品之一,以其为主要元件,可以演示十

来个有趣的物理实验，除了前面我们介绍的虹吸现象，我们熟知的还有“水火箭”、“浮沉子”等实验。如图 68-2 所示，是自动变扁的饮料瓶和自动膨胀的气球演示装置。其主要原理仍然是根据可乐瓶中的气压的变化所引起的。

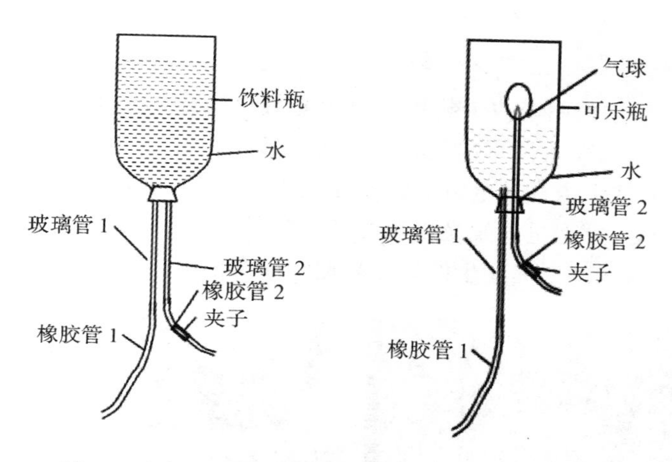

图 68-2 自动变扁的饮料瓶和自动膨胀的气球演示装置

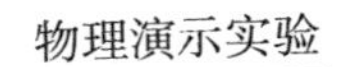

实验六十九　简易光控电路演示仪
(Simple Light-operated Circuit Demonstrator)

仪器介绍

图 69-1 所示的两个演示装置主要由光敏电阻或热敏电阻、非门、小灯珠和电位器(滑线变阻器)等器材组成,外接 5V 左右的直流电源。该实验装置主要用来演示当光敏电阻上的光强发生变化时(比如在白天和黑夜的两个环境中),小灯泡呈现发光或者变暗甚至完全不发光等现象。通过这个演示实验,能极大地引起学生的学习兴趣和探索精神。

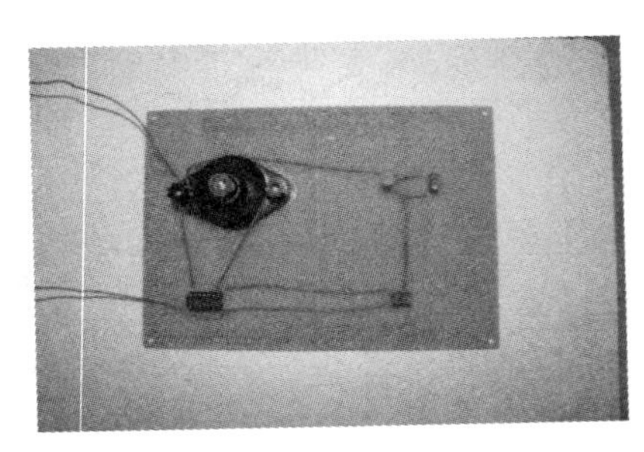

图 69-1　白亮黑熄和黑亮白熄的光控电路实物

操作与现象

(1)对于图 69-1 左边的实验装置,主要演示小灯泡白天亮而在夜晚熄灭的实验现象。当白天光照比较强的时候,开启电源,闭合开关,发现电路中的小灯泡发光;如果用手或者毛巾等其他物体盖住光敏电阻,发现小灯泡会变暗或者熄灭。放开手,小灯泡又重新发光。

(2)对于图 69-1 右边的实验装置,则效果完全相反,主要演示小灯泡白天熄灭而在夜晚发光的实验现象。当白天光照比较强的时候,开启电源,闭合开关,发现电路中的小灯泡不发光;如果用手或者毛巾等其他物体盖住光敏电阻,发现小灯泡会发光。放开手,小灯泡又重新熄灭。

原理解析

我们知道,对于热敏电阻,一般情况下是温度升高,电阻减少,温度降低,电阻增加。对于光敏电阻,一般情况下是光强增加,电阻降低,光强减

少，电阻增加。因此利用光敏电阻、热敏电阻的这些特性，结合非门或者三极管特性，可以制作一些简易的光控电路、热控电路，比如简单的火警报警电路、光控路灯等装置。

基本原理图如图 69-2 所示，电阻 R 是一个滑线变阻器，电阻 R_t 是光敏电阻，方形装置(AY)是一个非门装置，其特点是低(高)电平输入，输出则是一个高(低)电平信号。假设开始的时候，电阻 $R \ll R_t$，则输入电源时，经过分析可得，灯泡两端为一个低电平，灯泡不发光(或者光强很弱)，当电阻 R_t 变小以后，其分担的电压也大大变小，则经过非门的输出电压为高电平信号，小灯泡发光。这样就控制小灯泡光强变化。

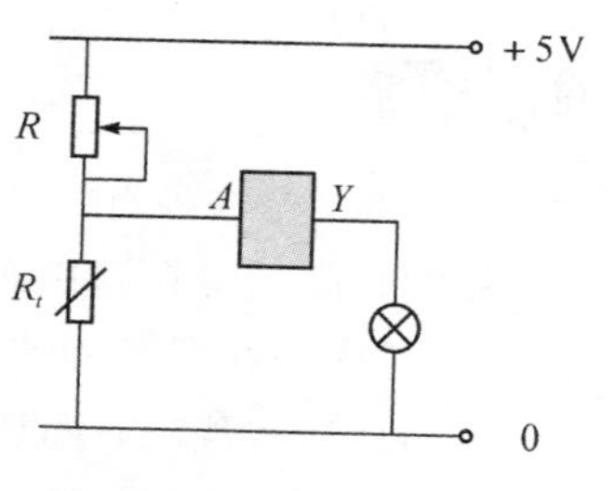

图 69-2　光控电路原理

知识拓展

对于图 69-2 所示的原理图，如果 R_t 是一个热敏电阻，这样就组成了一个简易报警电路，同时如果在电路中加一个声控电阻等元件，还可以实现温度、振动对电路通断、灯泡发光等的控制。图 69-3、69-4 分别是简易报警装置、光控电路和声控电路的实物图。对这些电路经过一定改进所得的装置在日常生活、工农业、国防等领域有大量的应用。

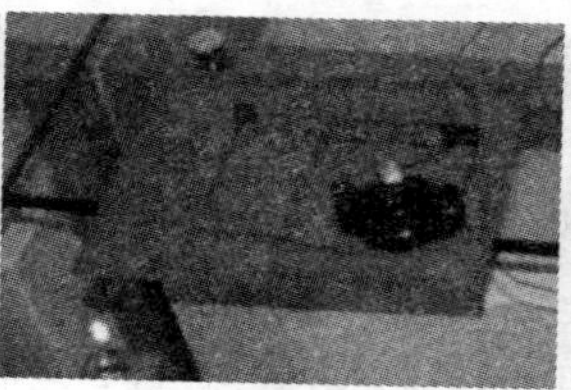

图 69-3　简易报警装置实物

图 69-4　简易声光控延时电路

实验七十　奇特的杠杆(Strange Lever)

仪器介绍

图 70-1 是一种奇特的杠杆，杠杆的横梁、四边形转动框都由质量比较轻、强度较高的材料制作而成，横梁连通主转动轴共有 6 个转轴，为了制作简易的考虑，六个“简易轴承”均用一般的螺帽和螺丝构成。并且以主转轴 O_1、O_2 为中心，其左右两边的尺寸、质量严格对称。

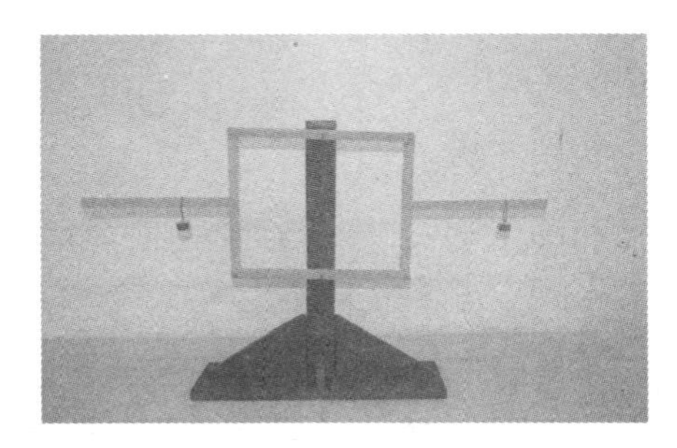
图 70-1　奇特的杠杆

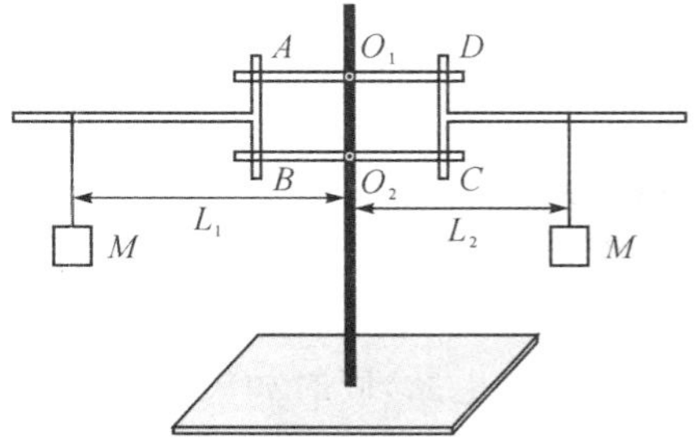

图 70-2　奇特的杠杆结构

操作与现象

(1)将两个质量相等的勾码分别挂在横梁的两侧，首先调节勾码，使两侧的力臂相等，观察一下杠杆的平衡情况；然后移动其中一个勾码的位置，使杠杆两边的力臂不相等，观测是否平衡，再移动另一个勾码的位置，观察是否平衡。其中的现象会让你大吃一惊。我们会发现，无论如何移动勾码，只要杠杆两边的勾码质量相等，杠杆始终处于平衡状态。

(2)再将质量不相等的勾码挂在横梁的两侧上，调节两边力臂的大小，看是否可以使杠杆平衡。所观察到的现象又会令人目瞪口呆，我们发现，无论如何移动勾码，只要两边的勾码质量不相同，杠杆始终不能平衡。

原理解析

杠杆是一种常用的简单机械。通常情况下我们所见的杠杆只有一个固定转动轴的情况，其平衡的条件是 $\sum M_{正} = \sum M_{逆}$，在有些情况下，如果杠杆有两个或者两个以上的转动轴，这时往往选取其中之一作为固定转轴进行研究，问题即可得到解决。对于图 70-2 所示的杠杆，虽然有 6 个轴，但

是我们一般选取 O_1,O_2,作为研究的转轴,因此很多学生会不假思索就非常肯定地“预测”了该实验现象,但是实验的结果会大大出乎他们的意料之外。对此,有些学生一筹莫展,有的陷入深深沉思。但事实不容否认,他们意识到问题的答案并非显而易见,要想弄清其中的原因,有待深入探究。

事实上,整个装置并不能够看成一个简单的杠杆。如何理解杠杆中的“力臂”的概念,这个是我们要深思的问题。图 70-2 中所示的 L_1、L_2 是否是重物 M_1、M_2 的真正力臂呢?事实上,整个框架本身就有四个转动轴,而不是一根“硬棒”,即不是一个我们平常认为的杠杆。由于整个装置有两个固定的转轴 O_1,O_2(见图 70-2),且框架的四个边可以看成“硬棒”,所以框架不能转动,而只能在一定情况下发生变形,并且 AB 和 CD 始终保持竖直状态,而横梁则始终保持水平状态,见图 70-3 所示。因此在横梁上每一点的运动情况与 AB 或 CD 上的运动情况相同,所以作用在横梁上的力,只要方向相同,其力臂均相等。因此该杠杆可以看成是由四边形框架所构成的等臂杠杆,左右两边的横梁根本不起作用!这样力臂始终相等。基于此,就可以对上述种种情形作出比较圆满的解释。

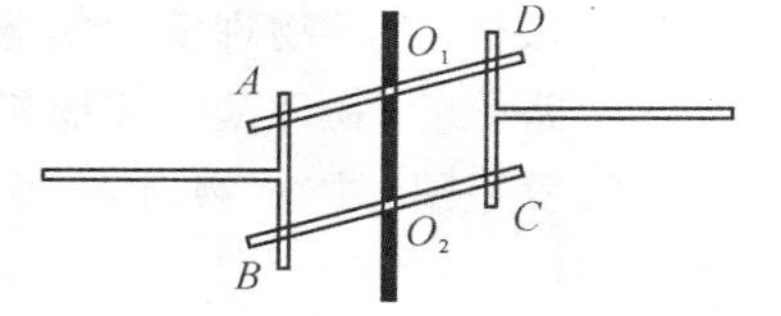

图 70-3 杠杆倾斜示意图

参考文献

1. 金清理，黄晓虹. 基础物理实验. 杭州：浙江大学出版社，2008

2. 李云宝，李钰. 大学物理演示实验教程. 北京：科学出版社，2009

3. 陈健，朱纯. 物理课程探究性实验. 南京：东南大学出版社，2007

4. 张智. 大学物理演示实验. 长沙：湖南大学出版社，2005

5. 路峻岭. 物理演示实验教程. 北京：清华大学出版社，2005

6. 罗星凯. 中学物理疑难实验专题研究. 桂林：广西师范大学出版社，1998

7. 马文蔚. 物理学教程(上册). 北京：高等教育出版社，2002

8. 马文蔚. 物理学教程(下册). 北京：高等教育出版社，2002

9. 郭奕玲，沈慧君. 诺贝尔物理学奖(1901年—1998年). 北京：高等教育出版社，1999

10. 郭奕玲，沈慧君. 物理学史. 北京：清华大学出版社，2005

11. 刘树勇. 中国古代物理学史. 北京：首都师范大学出版社，1998